アクアリウムの つくり方・楽しみ方

[監修] アクアフォレスト
千田義洋

成美堂出版

アクアリウムのつくり方・楽しみ方

目次 CONTENTS

1 美しいアクアリウムの世界
chapter 1　Beautiful Aquarium World ……… P4

2 アクアリウムの始め方
chapter 2　How to Start Aquarium ……… P13

- **STEP1**　専門店を探そう ……………………… P14
- **STEP2**　水槽グッズの選び方 ……………… P16
- **STEP3**　自宅に水槽を設置しよう ………… P20
- **STEP4**　魚や水草を水槽に入れよう ……… P22
- 初心者のための Q&A …………………………… P25
- **コラム**　役に立つ早見表／レイアウトを始める前に …… P26

3 レイアウトの流れ
chapter 3　Layout Flow ……… P27

- **LAYOUT 1**　初心者のためのデビュー水槽
  かんたん水草レイアウト ………………………… P28
- **LAYOUT 2**　初心者からのステップアップ！
  流木とクローバーのレイアウト ………………… P36
- **LAYOUT 3**　スタンダードサイズの水槽
  シンプルで美しいレイアウト …………………… P44
- **LAYOUT 4**　紅白エビが主役の小型水槽
  リシアとエビのレイアウト ……………………… P52
- レイアウト素材①流木／構図を学ぼう「三角構図」「放射状構図」 ……… P58
- **LAYOUT 5**　石組みと育てやすい水草
  砂利と木化石のレイアウト ……………………… P60
- **LAYOUT 6**　気孔石とヘアーグラスの水景
  草原をイメージしたレイアウト ………………… P68

LAYOUT 7	背の高い水槽でのレイアウト 有茎草と流木の森林	P78
レイアウト素材②石／構図を学ぼう「凸型構図」「凹型構図」		P86
LAYOUT 8	化粧砂を使ったレイアウト 枝流木と有茎草の茂み	P88
LAYOUT 9	遊泳力のある魚と幅広の水槽 深みのある水草レイアウト	P98
LAYOUT 10	上級者向け 120cm水槽 大迫力の大型水槽レイアウト	P106
コラム	熱帯魚の混泳について	P116

4 水草カタログと熱帯魚の紹介　P117
chapter 4　Plants Catalog & Fish

- 前景に植える水草 …… P118
- 中景に植える水草 …… P122
- 後景に植える水草 …… P132
- コラム　追加肥料について／水上葉と水中葉 …… P144

5 水槽のメンテナンス　P145
chapter 5　Maintenance

- 日常の観察と魚のエサ …… P146
- 水換えと掃除 …… P148
- 水草のトリミング …… P150
- コケ・病気対策 …… P152

用語解説・索引　P154

美しいアクアリウムの世界

chapter 1 　Beautiful Aquarium World

美しい緑と優雅な熱帯魚

熱帯魚の王様と呼ばれるディスカスと、人気の高いエンゼルフィッシュ。
美しい緑の中を、色鮮やかな熱帯魚たちが優雅に泳ぐ。

流木とモスとトンネル

水槽の中央に配置した流木のトンネル。流木に根付いた水草が時間の流れを感じさせる。

パールグラスの茂み

水草と魚の種類を絞った、シンプルなレイアウト。
シンプルにしたことで、逆に大自然の力強さを感じることができる。

クリプトコリネをメインにした深い緑のジャングル

深い緑の葉を持つ陰性水草・クリプトコリネを用いたレイアウト。

まえがき

　自然の風景は、人に生命の息吹や雄々しさを感じさせる。それと同様に、水槽の中に美しく水草が茂り、魚たちが活き活きと泳ぐ様子は、見る人に安らぎや活力を与えてくれる。

　アクアリウムは毎日の生活を楽しく豊かにしてくれる。壁に飾ったお気に入りの絵画のようでもあり、慣れ親しんだペットのような存在にもなる。

　熱帯魚を健康に飼育し、水草をきれいに育てることは、難しいと感じるかもしれないが、そんなことはない。様々な器具が開発され、たくさんのノウハウが蓄積された今となっては、基本をしっかりと学べば誰もがアクアリウムをかんたんに楽しめる。そのためには、生き物を飼うという強い責任感を持って、正しい知識を身につけることが大切だ。

　本書では熱帯魚と水草の専門店で働く現場のスペシャリストとして、水槽の設置から日々のメンテナンスまで詳しく解説した。アクアフォレストのスタッフは、初心者だった頃の自分にアドバイスするような気持ちで、本書で紹介する水槽を制作した。ぜひ、アクアリウムの楽しさや水草の奥深さ、美しさを感じて欲しい。

　また、巻末にはよく使われるアクアリウム用語について詳しく解説したものを載せたので、参考にして欲しい。

監修：千田義洋（アクアフォレスト）

水槽製作：アクアフォレスト

　東京都新宿の地下街にある、熱帯魚と水草の専門店。きれいに維持された店内のレイアウト水槽は、熟練のスタッフたちによって丁寧に管理されているものだ。状態のよい水草や熱帯魚、流木や石などのレイアウト素材と水槽用品を取りそろえている。コンテストでは数々の賞を受賞し、各種メディアへの協力も行っている。

アクアフォレスト　http://www.a-forest.co.jp/
〒160-0021　東京都新宿区歌舞伎町1丁目新宿サブナード3丁目
Tel:03-5367-0765　Fax:03-5367-0766
営業時間：10時〜21時（年中無休）

※本書で紹介しているお店の情報や器材等の名称は、変更される場合があります。ご了承下さい。

アクアリウムの始め方

chapter 2 How to Start Aquarium

まずは、楽しくアクアリウムを始めるために必要な情報やポイントを各ステップごとに紹介する。アクアリストへの第一歩を踏みだそう。

STEP 1
専門店を探そう
美しいレイアウト水槽を
作るための第一歩
P14〜

STEP 2
水槽グッズの選び方
適切な器具を選ぶことが
安定した水槽への近道
P16〜

STEP 3
自宅に水槽を設置しよう
水槽を自宅に設置する際の
基本的な流れを覚える
P20〜

STEP 4
魚や水草を水槽に入れよう
生き物の扱いは慎重に
P22〜

STEP 1 専門店を探そう
美しいレイアウト水槽を作るための第一歩

きれいなレイアウト水槽を作るためには、魚や水草の知識、さらにレイアウトのコツなどが必要だ。初心者がノウハウもなく、いきなり美しいレイアウト水槽を作り上げるのは難しい。

アクアリウムのレイアウトで失敗しないためにも、ここでは初心者が学んでいくべきポイントを各ステップに分け、順に追っていく。

↑美しいレイアウト水槽は一朝一夕にはできない。

まずは、近所で信頼できる熱帯魚専門店を見つけよう

専門店は知識も品揃えも豊富
実際に見て買うことが重要

分からないことや困ったことがあるとき、プロに相談することができるのは、とても心強い。

実際に専門店に行ってスタッフに相談すれば、「今後何をすればよいのか」「どのような器具を使用すればよいのか」といった疑問に対するアドバイスを受けることができる。

Q&A
どうして専門店で購入するの?

水草や魚を手軽に入手することができる通信販売は確かに魅力的だ。

しかし、水草や魚の「調子」は実際に目で見て確認しないと分からない。水草も魚も生き物なので個体差や健康状態の違いがある。専門店でスタッフと相談し、状態のよいものを入手することが、アクアリウムにおいて失敗しないコツだといえる。

専門店ですべきこと

欲しいものを見るだけでなく、色んな商品を見よう。

　専門店に行く前に本書やネットなどで情報を集め、買いたいものを事前に決めておくと買い物はスムーズだ。しかし、それだけではもったいない。専門店には多くの商品が置かれているので、もっと自分に合った商品が見つかるかもしれない。専門店を訪れるということは、新製品や珍しい魚・水草を知るチャンスなのだ。

水草や魚がどのように変化していくかを把握しておこう

　水草は販売されている姿と植えられて成長した姿とでは、まるで印象が違う。専門店に設置されたレイアウト水槽などで、健康的に成長した水草の姿を見ると、レイアウト後のイメージが容易になるはずだ。また、水草と魚の組み合わせなども参考になる。今まで飼育したことのない魚の魅力に気付くチャンスでもある。

　購入したい水草や魚がどこまで大きくなるか、どのように育つか、ということぐらいは最低限知っておきたい。また、そういった知識なしでレイアウト水槽を作ることは困難だ。

Q&A
魚や水草の寿命は？

　ネオンテトラなどの小型の熱帯魚で2～5年、グッピーなどはやや短命で2～3年程度。大型の熱帯魚では10年以上生きるものもいる。

　寿命を全うできない理由の多くは、水槽からの飛び出し事故や、病気によるものだ。

　水草は、トリミングや差し戻しなどをくり返して、枯れさせなければ、ずっとレイアウトに活用できる。

STEP 2 水槽グッズの選び方
適切な器具を選ぶことが安定した水槽への近道

アクアリウムを始める上で一番必要な器具は、もちろん水槽だ。どのような器具が必要になってくるかは、水槽のサイズによって変わってくる。

だからレイアウトを開始する前に、水槽を設置するスペースや自分の技量、そして予算などを考慮して、どのサイズの水槽を購入するかを決めることが必要となる。

↑専門店に並んだたくさんの商品。

レイアウト水槽に必要な器具

水槽・水槽台
熱帯魚飼育の必需品。色々なサイズがあるので、設置場所や用途に合わせて選ぼう。

CO_2・肥料
水草が必要とする栄養分やCO_2を、水槽内に供給してくれる。水草の本格的な育成には必須。

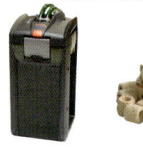

フィルター・ろ材
水槽内の水をろ過して汚れを取り除く器具。フィルターの中に入れるものをろ材という。

底砂
水槽の底に敷く砂。ソイル、大磯砂、粒の細かい砂利など様々な種類がある。

照明設備
一般家庭用の照明とは異なり、水草の育成に適した光を水槽内に照らしてくれる。

その他の器具
エアーポンプ、ヒーター、ハサミ、ピンセットなど、日々の管理や飼育の上で必要なその他の器具。

器具の選び方①…水槽・水槽台

水槽と水槽台は撤去がしにくい。設置場所や大きさを慎重に考えよう

水槽を自宅に設置するには色々なことを考慮しなければならない。床の耐久性や設置場所のスペース、置く場所が水平かどうか…。大きなものになればなるほど慎重にならざるをえない。

水槽は素材別に大きく分けて2種類、アクリルとガラスがある。アクリルはガラスに比べて軽くて割れにくいが、表面が傷つきやすく厚さによってはたわみが出る。ガラスはアクリルより重くて割れやすいが表面が傷つきにくく透明度も高い。

←水槽と水槽台は、セットで購入することが安全性からも見た目からも望ましい。オークションなどで安価なものも売られているが、処分も設置も大変なので、信頼できるしっかりとしたものを選ぼう。

器具の選び方②…フィルター・ろ材

様々な種類のフィルターがあるので特徴を考えて選ぼう

水槽内の水は、熱帯魚の排泄物やエサの食べ残しなどで汚れていく。生体にとって有害な物質を減らし安定した環境を維持する方法は、大きく分けて2つある。水換えとフィルターによるろ過だ。

フィルターにはろ材を入れる。そのろ材に定着したバクテリアが有害な物質を分解し、分解しきれない部分を水換えで入れ替える…というのがきれいな飼育水を保つための基本的なサイクルだ。

各フィルターのメリット・デメリット

ろ方式	メンテナンス	CO_2添加効率	ろ過容量
外部式	△	◎	◎
上部式	○	△	○
外掛け式	◎	○	△

↑フィルターは大きめなものを選ぼう。ろ過能力は、中の容量だけでなく流量などの総合力で決まる。

ろ過を行うフィルターは大きく分けて外部式、上部式、外掛け式の3種類がある。それぞれに特徴があるが、水草レイアウト水槽では外部式フィルターの使用が一般的だ。

また、しっかりとしたろ過システムが整えば、病気やコケの発生は少なくなる。水景を維持するために、そして飼育する魚の命のためにも、ろ過を整えることは何よりも重要なことだといえる。

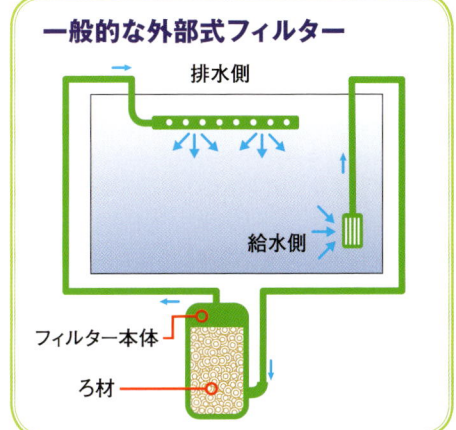

←一般的な外部式フィルターの接続例。各製品に付属している説明書を読んで、正しく接続しよう。

器具の選び方③…照明設備

水草の成長を助ける
光合成の元となる大事な要素

　植物の成長に必要なのは、日光と水と肥料だ。この日光の代わりとなるのが照明器具だ。本格的な水草の育成をする際に、とても重要な器具の1つだといえる。
「照明器具ではなく、日光を使えばよいのではないか？」と思う人も多いかもしれない。しかし、日光は閉じられた空間である水槽にとっては強すぎる。水草が成長する以上にコケが育ってしまう。光が強ければ強いほどよい、ということではないのだ。光量を必要な量だけ与え、照灯時間を人為的にコントロールできる、蛍光灯やメタルハライドランプなどの照明器具を使おう。

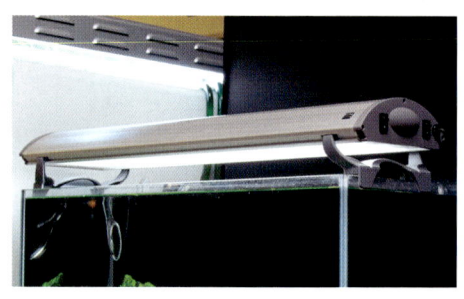
↑蛍光灯は写真のように設置する。選べるワット（W）数の幅も広いので、目的に合ったものを選ぼう。

↑点灯時間を管理するにはタイマーが便利。

↑メタルハライドランプは吊り下げ式が多い。天井から吊すか、専用のスタンドを使う。

器具の選び方④…CO_2・肥料

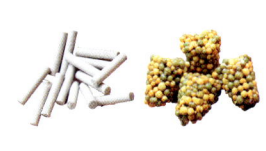

↑肥料には固形のものと液体のものがある。どちらも、やりすぎるとコケの元になるので注意しよう。

水草育成に必要なシステムと
大事な栄養の元

　水草は根や葉から栄養を吸収する。そのため、底砂に固形の肥料を含ませたり、液体の肥料を添加することで、成長を促すことができる。
　また、水草は光合成によって養分を作り出している。光合成のために必要なのは、光と二酸化炭素（CO_2）だ。光は照明から得ることができるが問題は CO_2 だ。
　飼育している魚が呼吸で出す CO_2 だけでは、水槽全体の水草に必要なだけの CO_2 を行き渡らせるのは難しい。
　少ない CO_2 でも育つ水草はあるが、多くの水草は CO_2 が十分にある環境だと育成がしやすくなり、成長が早くなる。本格的に水草レイアウトをするなら、CO_2 を添加することは必須だともいえる。

←CO_2 ボンベは業務用の大型のもの（左）と、小型のもの（右）がある。

器具の選び方⑤…底砂

レイアウト水槽の土台となる底砂 用途に応じて選ぼう

　底砂は、植えたい水草や飼育したい魚が好む水質に合わせて選択する必要がある。主にソイルと砂利の2種類に分けられ、水草レイアウト水槽では、土を焼いて固めたソイル系の底砂が最もよく使われている。養分を含み、pHを変化させる効果があるので、多くの水草はソイルを使うことで育成が容易になる。

　製品によって異なるがソイルは半年～1年経つと粒が崩れてきてしまう。砂利系の底砂はそういった寿命がなく、水洗いすれば何度でも使える。

　底砂は製品によって色々な特徴があるので、数種類組み合わせて使うこともある。底砂の選択はレイアウトだけでなく生態系の基礎ともなるので、慎重に検討したい。

濁りの少ないソイル
水をあまり濁らせないタイプのもの。

ソイル
養分を多く含んでいるが、やや濁りが出やすいもの。

パワーサンド
養分を染み込ませた軽石。

↑このように数種類の底砂を組み合わせることもある。

器具の選び方⑥…その他の器具

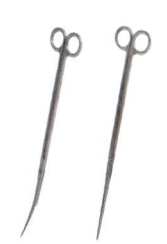

↑トリミング用のハサミは、カーブタイプと、ストレートタイプがある。

↑スポンジやバケツ・ホースを使い、水換えや掃除をする。

水換えやメンテナンスを怠らないことが上級者への近道

　水草や魚は暖かい地域が原産国の場合が多い。四季がある日本では、冬場は水温を上げるためのヒーターが必須である。事故防止のため、水に浸かっていない状態ではヒーターの電源を絶対に抜いておこう。

　また、アクアリウムは水槽を立ち上げたら終わりではない。日常的なメンテナンスのための道具を揃えて、水槽をきちんと管理しよう。水を入れ替えるためのバケツやホースは必須だし、成長した水草のトリミング（長さの調整）をするハサミも切れ味がよい方が、水草に与えるダメージが少なくて済む。

　エアーポンプは、エアレーション（ブクブクと水面を波立たせ、水の中に酸素を溶け込ませること）のときに使う。

↑エアーポンプはあった方がなにかと便利だ。

←ヒーターは横向きに設置する。

STEP
3 自宅に水槽を設置しよう
水槽を自宅に設置する際の基本的な流れを覚える

　器具が揃ったら、いよいよ設置だ。水の入った水槽は想像以上に重い。一般的な60cm水槽でも、50kg以上の重さがある。それだけの重量があるので、設置後は簡単に移動させることはできない。だからこそ、設置の前にちゃんと計画を立てて設置していく必要がある。

　ここでは、水槽を設置する際に考えるべきことと、水草レイアウトを行う前にすべき「土台作り」について解説する。地味ではあるが全ての基礎となるだけに、とても重要なパートだ。

↑レイアウトされた水槽はインテリアにもなる。

まずは設置場所を決めて水平を測ろう

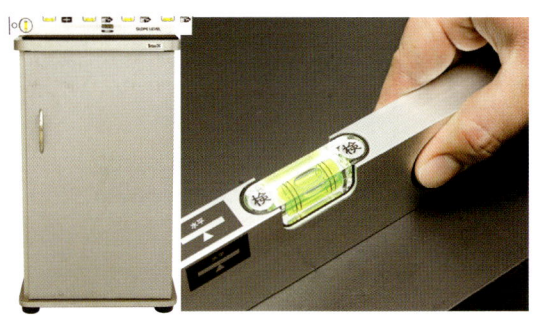

じゅうたんやカーペットの上は×
強度のある場所に設置しよう

　何十kgという水量が入る水槽を水平に置かないと何が起こるのか？　水圧が水槽の一部に集中してしまい、最悪水槽が割れてしまうこともある。そのため、しっかりとしたフローリングなどの上に水槽台を設置することが望ましい。

専用水槽台
荷重の範囲内の棚

水平を測った専用台や、荷重の範囲内のしっかりとした台ならば水槽を置くことができる。

靴棚、洋服棚
学習机、カラーボックス

最初の内は問題が起こらないかもしれないが、長期間使用していると傾きやゆがみができやすい。最悪の場合水槽が破砕することもある。

Q&A
玄関の靴棚の上に
設置してはいけない？

　絶対にダメというワケではない。靴箱の天板がきちんと水平で、常に何十kgという重さに耐えることができるならば、設置しても何の問題もない。

　とはいえ、そんな強度のある靴箱は一般的ではない。水槽が割れて玄関が水浸しという事故を起こさないためにも、しっかりとした水槽台を設置することが望ましい。

水槽の土台を作る

レイアウトの土台である底砂
土台作りの基本を覚えよう

①専用のスポンジなどであらかじめ洗っておいた水槽を水槽台に置く。洗う際、洗剤などは使用しないこと。
②水槽に底砂（ソイルなど）を入れる。このとき、手の平大ほどの大きさのプラケースなどを使うとよい。少しずつ入れて、量を調整しよう。
③底砂をならす。ソイルを用いる場合は粒が潰れないよう、優しく扱おう。三角定規などを使ってならしてもよい。レイアウトによっては、この段階で傾斜をつける。
④土台ができた状態。流木や石を入れてレイアウトをする場合はこの後も盛り土をしていきたいので、底砂は使い切らないようにしよう。

↑底砂や肥料の入れ方には様々なやり方がある。本書に後述されるプロのやり方を手本に色々試してみよう。

器具類をセッティングして、水槽に水を入れよう

器具の配置もレイアウトの一環
完成形を想像して設置しよう

水槽サイズや、レイアウト、器具（フィルターが外部式か外掛け式か、など）によってセッティングの仕方も順序も異なる。ここでは基本的なセット例を紹介する。最終的なレイアウトの完成図を想像しながらセッティングをしていこう。
①ヒーター、ライト、フィルター（外掛け式フィルター）、温度計を設置する。ここでは設置されていないが、CO_2添加器具もここで付ける。
②そのまま水を入れるとソイルが巻き上がり、水が濁ってしまう。キッチンペーパーなどをソイルの上に敷いておけばレイアウトも崩れず、水の濁りも抑えられる。
③バケツからゆっくりと水を注ぐ。バケツに入れる水の量を片手で持てる程度にしておくと、バケツを持っていない反対側の手で水を受けることができる。水を入れたら各器具類が正常に動作しているか、電源を入れて確認。全て正常なら水槽の設置はこれで完了だ。

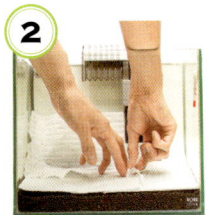

←この後に水草を植えることを考えて、手を入れてもあふれない程度の水量にしておこう。

Q&A 水道水を使っていいの？

水道水に含まれるカルキ（塩素）は魚や水草にとって有害なので、必ずカルキを抜いた水を入れよう。専用の塩素中和剤などが売っているので、規定量を守って水槽用の水を作ろう。

STEP 4 生き物の扱いは慎重に
魚や水草を水槽に入れよう

アクアリウムの主役は、もちろん水草と魚たちだ。だからといって、いきなり水槽に生き物を入れてはいけない。

水草には農薬がついていることもある。魚にとっては、それまで住んでいた専門店の環境と全く別の環境での生活が始まるわけだ。まずは新しい環境に慣れさせてあげることが大事なのだ。

ここでは、生き物である水草や魚の健康のために、飼い主でもあるレイアウターがしてあげられることを解説する。

↑購入後はなるべく早く家に持って帰ろう。

水草を購入してから最初にすること

ポットや鉛は取り外し、必ず水洗いをしよう

販売されている水草の状態は、ポット入り（左）、バラ売り（中央）、鉛付き（右）などがある。ポットはハサミで切ってしまい、鉛は取り外して、水草についたウールマットを丁寧に取りはずそう。

また、買ってきた水草には、エビにとって有害な農薬や、葉を食害してしまう巻き貝などがついていることもあるので、必ず水洗いをしよう。

ポットから取り出した状態（左）。水を流しながら、矢印のように根に沿ってピンセットを動かす。こうするとウールマットがきれいに取れる。

Q&A
ウールマットが取りにくいのですが……

ウールマットは、丁寧に取り外さないと根を傷めることもある。左の図のように水を流しながら丁寧にウールをはずそう。植栽する際に長すぎる根は切ることも多いので、気にしすぎる必要はない。

ただし、クリプトコリネの仲間は急激な温度の変化で溶けることがあるので、あまり長い時間をかけるのは得策ではない。

水草を植える前の下準備と、植え方の基本

水草の種類とその特徴を知って、植え方や下準備の仕方をを学ぼう

底砂に植えて水中で育成する水草には、大きく分けて下記の2種類がある。

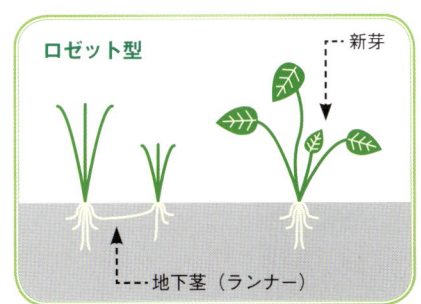

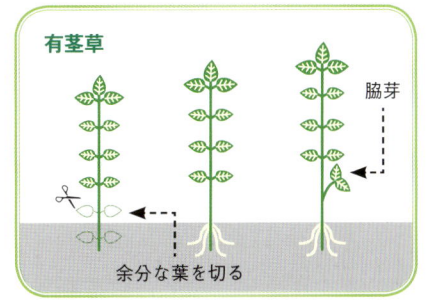

↑ロゼット型の水草には、ヘアーグラスのように地下茎（ランナー）を伸ばし、横へ広がって増えていくものや、エキノドルスのように草の中心から新芽を伸ばし、新しい葉を展開していくものがある。どちらも根が土の中に隠れる程度の深さで植えるとよい。

植える前の下準備では長すぎる根と、茶色く変色した古い根を切って取り除いてから植える。また、枯れてしまっている古い葉も取り除いてしまおう。

↑ロタラ、パールグラスなどの有茎草は、茎の途中から根を生やすので、植えたい部分に生えている葉を切ってから植えると、そのうち茎から根を出してくれる。ロゼット型のものと比べて深めに植える。育つと茎の途中から脇芽が伸びていく。

↑有茎草は茎の下部を切り、植えたい部分の葉を切る。

実際に、水草を植えてみよう

有茎草を植えるときは、左の写真のように、まっすぐと茎に沿うようにつまむとよい。後景草や中景草として使われる有茎草は、ほとんどこの植え方でよい。

クリプトコリネのような根の長いロゼット型の水草は、左下の写真のように根の真ん中やや下のあたりをつまんで植える。

植えた後、根が外から見えないよう底砂を被せてあげると、根付くのも早くなるし、見た目もよくなる。

慣れない内は、植えても浮いてきてしまうかもしれないが、根や茎を痛めないよう丁寧に根気強く植え直していこう。

←↑有茎草の植え方。

↑ロゼット型は、このまま根を下に向けて植え込む。

魚を水槽に入れるまで

しっかりと水合わせをして
環境に適応させよう

　魚を買ってきたら、最初にしなくてはいけない大切な作業がある。それが水合わせだ。

　専門店で買った魚は、ビニール袋の中という狭い空間で輸送されるので弱ってしまう。自宅に帰って買ってきた魚を見ると、色が抜けてお店で見たときと全く違う魚のようになっている。

← 持って帰るときは揺らさないよう注意しよう。

→ 水面に浮かべるだけでよい。

　この状態の魚をそのまま水槽に入れてしまうと最悪の場合、魚が死んでしまうことも。水合わせとは、魚が引っ越すための準備なのだ。

　まずは水槽に袋ごと浮かべる温度合わせだ。

　10～20分ほど待てば、だいたい温度が合う。冬の寒い時期や地域によっては、余裕を持って30分ほど温度合わせをした方がよい。

　水温を合わせたら、次は水質を合わせよう。まずプラケースやバケツなどを用意して、そこに袋の水ごと魚を入れる。そこに水槽の水を少しずつ入れていく。水合わせは専門店で売られている水合わせキットなどを使うと便利だ。魚を入れたケースの水が10～20倍くらいになったら、水合わせは終了だ。魚だけを水槽に入れよう。

← 水滴が1滴ずつたれるくらいに調節する。

↑ 水草や魚が活き活きとしているレイアウト水槽を目指そう。

初心者のためのQ&A

? 旅行で何日か家を空けても平気?

健康に育っている魚ならば、2〜3日間エサを与えなくても平気であるケースが多い。もちろん、水草や熱帯魚の様子を見られない状況は好ましくない。どうしても家を空ける場合は誰かに世話を頼んだり、自動のエサやり機を使用する方がよい。家を空けるから…といって大量のエサをあげることは水質の悪化を招くので注意しよう。

? 水換えは週に何回するの? イヤな臭いはしない?

水換えの周期は水槽によって異なるため一概にはいえない。ただ、水換えを怠ると水槽に何かしらの異常が出るケースが多い。少なくとも1週間に1回程度、定期的に行うようにしたい。
水槽の水がきれいに保たれていれば、イヤな臭いは発生しない。もし臭いがしたら、水換えを怠ったサインと思おう。

? 月々の電気代はどのくらい?

水槽サイズや気温(寒いときにはヒーターが稼働するため)によって異なるが、一般的な45〜60cm水槽で、月に約1500円くらいのケースが多い。

? 熱帯魚はいつ眠るの?

人間のとる睡眠とは全く違うものだが、熱帯魚にも体を休めて動かない時間帯がある。また、熱帯魚には昼行性のもの(ネオンテトラなどの一般的な魚)や、夜行性のもの(ナマズの仲間など)がいる。水草や魚を健康に飼育するために昼夜のサイクルは必要なので、できれば照明をタイマーで管理するなどして、明るい時間帯と暗い時間帯を作ってあげよう。

? 飲料用の浄水器でカルキは抜ける?

一般的な家庭用浄水器には、熱帯魚飼育に必要な塩素除去効果はない。やはり、専門店で販売されているアクアリウム用の浄水器を使用するか、塩素中和剤を使うようにしよう。アクアリウム用の浄水器は水道水が含む塩素以外の不純物を取り除く効果もあり、オススメだ。

AQUA COLUMN

役に立つ早見表

水量や器具などの目安
※水槽の値の単位はcm。総水量は、水槽に水を満杯まで入れたときの概算。

水槽 (横幅×奥行き×高さ)	総水量	ヒーター	ソイル (高さ1cmにつき)
20×20×20	8ℓ	10w〜50w	0.4ℓ
30×30×30	27ℓ	75w〜100w	0.9ℓ
36×22×26	21ℓ	75w〜100w	0.8ℓ
45×30×30	40.5ℓ	100w〜150w	1.3ℓ
60×30×36	65ℓ	150w〜200w	1.8ℓ
60×45×45	122ℓ	300w〜350w	2.6ℓ
90×45×45	182ℓ	400w	4ℓ
120×45×45	243ℓ	600w	5.4ℓ
120×45×50	270ℓ	700w	5.4ℓ

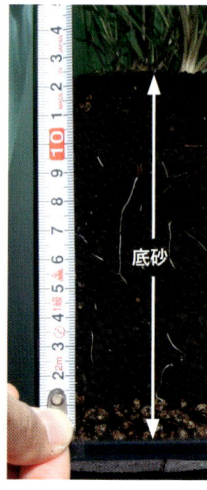

総水量は重量の目安にもなる。ヒーターは温度調節機能が付いたものなど色々あるが、適合W数のものを選んだ方が、急な水温の変化や故障を避けるためにもよい。底砂は水槽を立ち上げる際の目安にするとよいだろう。写真はp88のレイアウト水槽の左側面を撮影したもの。レイアウトに奥行き感を出すためには、このぐらいの高さを盛ることがある。

レイアウトを始める前に

水槽サイズと水質の維持

　上の表を見ての通り、横幅30cm程度の小型水槽は水量・ソイルともに少量で済む。重さや大きさの面で一般家庭でも設置可能な場所が多く、手軽に感じるだろう。

　しかし水量が少ない小型水槽は、サイズが手頃だからといって、手放しに初心者向け水槽としてオススメできるわけではない。水量が少ないということは、水槽内の水質が変化しやすいからだ。上の表の横幅20cmの水槽と横幅45cmの水槽で単純に比べてみると、8畳の部屋でタバコを1本吸ったときと40畳の部屋で1本吸ったときの空気の変わり方ぐらい差がある。水質の変化は水量が多ければ多いほどゆるやかだ。

　とはいえ、水量だけで判断して大型水槽はかんたんで、小型水槽は難しいというわけでもない。設置や水換え、ガラス面の掃除などは小型水槽の方が楽だろう。

　水槽サイズによるメリットとデメリットをしっかりと理解することが、レイアウトを始める前の水槽選びにおいて失敗しないコツといえる。

レイアウトの流れ

chapter 3 Layout Flow

いよいよ水槽のレイアウトだ。プロのレイアウト作成の流れを参考にして、知識と経験を身につけていこう。

LAYOUT 1　P28〜
かんたん水草レイアウト

LAYOUT 2　P36〜
流木とクローバーのレイアウト

シンプルで美しいレイアウト

LAYOUT 3　P44〜

LAYOUT 4　P52〜
リシアとエビのレイアウト

砂利と木化石のレイアウト
草原をイメージしたレイアウト
LAYOUT 5　P60〜

LAYOUT 6　P68〜

有茎草と流木の森林

LAYOUT 7　P78〜

枝流木と有茎草の茂み

LAYOUT 8　P88〜

LAYOUT 9　P98〜　深みのある水草レイアウト

P106〜　大迫力の大型水槽レイアウト　**LAYOUT 10**

LAYOUT 1 初心者のためのデビュー水槽
かんたん水草レイアウト

基本をしっかりと学んで、知識と基礎を身につけよう。

　初めてレイアウトをする人でもかんたんに作成できるように、水草が活着した流木をメインとしたレイアウト。横幅30cmの水槽サイズに対して十分な大きさの流木（約20cm）を中心に配置した。中心が決まっているので、空いたスペースに水草を植えていくだけで、見応えのある水景になる。

　環境を維持するための器具として、手入れがしやすく設置も楽な外掛けフィルターと、設置後も日々のメンテナンスがしやすいアーム付きの照明を選択。底砂には、水槽設置初期に水が濁りにくいタイプのソイルを選んだ。

　魚は、初心者でも飼育がかんたんで見た目も華やかなグッピーをチョイスした。グッピーは丈夫で、水槽内を活発に泳ぎ、見ていても楽しい魚だ。また、状態よく飼育できれば繁殖も期待することができる。

　水槽の土台の作り方、水草の植え方など、chapter 2 を参考にしながら、レイアウトのポイントをおさえて、水草レイアウトの基本を学んでいこう。

水草選びのポイント

↑初心者でも育てやすいアヌビアス・ナナはデビュー水槽にピッタリ。今回は多くのショップで売られている、あらかじめ流木に付けられているものを使用した。

↑葉や茎の細い水草が多く植栽されているので、ポイントとなる、葉の大きなアマゾンソードを植栽。

←アヌビアスの仲間、アヌビアス・ナナ・プチ。こちらも CO_2 なしで低光量でも育成が可能だ。

↑アマゾンチドメグサは伸び方が独特だ。量が増えてきたらトリミングしよう。

PANORAMIC VIEW
水槽の全景とデータ
AQUARIUM DATA

SIZE 30 cm

水槽／30 × 18 × 24（cm）
水温、pH／26℃、6.5
底砂／プロジェクトソイルエクセル 2kg（アクアシステム）
フィルター／ワンタッチフィルター　AT-20（テトラジャパン）
CO_2／なし
照明／8時間点灯　ミニライト　ML-13W（テトラジャパン）
水草／アマゾンソード、ロタラ・インジカ、アヌビアス・ナナ、アヌビアス・ナナ・プチ、クリプトコリネ・ウェンティーリアルグリーン、アマゾンチドメグサ、ウィステリア
生体／ドイツイエロータキシードグッピー

※使用した器具の情報（商品名や会社名など）、主な水草、主な生体（魚やエビ）を記載した。水槽の値は横幅×奥行き×高さの順。

POINT 1

～水草デビュー 30cm水槽～
水槽の土台作り

　小さな水槽でも大きな水槽でも、水草や生体が育ちやすく快適な環境を整えなくてはいけない。

　そして、規模の違いこそあれ、「快適な環境」の作り方は、基本的には同じだ。

　横幅 30cm 程度の大きさの水槽を立ち上げることで基本を学べば、後々により大きな水槽を立ち上げる際に必ず役立つだろう。

1　水槽にソイルを入れる

⬆水槽にソイルを 2kg 入れる。プラケースを使って少しずつ入れると、量の調節がしやすい。

2　ソイルをならす

⬆水槽に入れたソイルをならしていこう。三角定規などを使うやり方もある。水槽の奥側が高くなるようにソイルをならす。

Q&A
どうして底砂に傾斜をつけるの？

　ソイルに限らず底砂に傾斜をつけることで、レイアウトに遠近感を作ることができる。手前を低くし奥を高くすることで、ダイナミックな水景になるのだ。

　また、奥を高くすることで、後景に植栽する水草と前景に植栽する水草とで背丈の違いを強調することができる。これも、見応えのあるレイアウトを作るコツである。

3 フィルターを設置する

↑メンテナンスがしやすく手軽な外掛けフィルターを設置する。フィルターを設置するときには、レイアウトのじゃまにならないように、水草を植える場所や水草が成長したときのことをイメージしておくとよい。

4 その他の器具を設置する

ライト
温度計
ヒーター

↑ヒーターを縦に設置すると、センサーが上手く働かず水温が上がりすぎることがある。事故防止のために全ての器具を説明書通りに設置しよう。

5 水槽に水を入れる

↑注水する際にはキッチンペーパーなどを底砂の上に敷いた後、ゆっくりと注水しよう。勢いよく入れると、底砂が舞い上がってしまい、底砂の形が崩れてしまう。

Q&A
キッチンペーパーを敷くのはなぜ？

注水のときは、底砂を舞い上がらせないよう注意しなくてはいけない。そのため、底砂の上に何かを敷く必要があるのだが、キッチンペーパーなら水に溶ける心配がない。石や流木を設置した水槽に注水するときも、キッチンペーパーは隙間なくキチンと敷ける。注水する前に霧吹きなどでソイルを湿らせておくと、より効果的だ。

POINT 2

~水草デビュー 30cm水槽~
水草の植え方

　水草は、それぞれの特徴によって前景～中景～後景と植える場所を分けることで、きれいにレイアウトすることができる。また、植える位置も水草ごとにまとめて植える方がバランスがとれ、美しく見える。

　中心にアヌビアス・ナナ付きの流木を置き、空いたスペースを後景と前景に分け、3種類ずつ水草を植えた。

1　3種類の後景草を植えよう

⬆右端にロタラを一本ずつ植える。下の部分をつまみ、抜けてしまわないよう少し深めに植える。

⬆真ん中にはアマゾンチドメグサを植える。クネクネと曲がった水草の、茎の部分だけをつかんで植えよう。

⬆アマゾンソードは根が太い。植える時はソイルから根がはみ出さないようにしっかりと。

2　3種類の前景草を植えよう

⬆左側にウィステリアを植える。茎が太いのでしっかりつまんで深めに植えよう。

⬆右側にはクリプトコリネ。根の部分をつかみ、ソイルからはみ出さないように植える。

⬆アヌビアス・ナナ・プチは流木の左右の脇に。根をつかみ、ねじこむようにして植える。

3 水草の種類とレイアウト図

アマゾンソード ➡ P136 
初心者向けで、葉の大きな後景草。

アマゾンチドメグサ ➡ P124 
丸い葉が特徴的。繁茂すればフィルターを隠すように伸びる。

ロタラ・インジカ ➡ P132 
細かい葉の後景草。密生させると美しい。

手の平のように葉が広がる水草。茎が太く丈夫。
ウィステリア ➡ P124

小さな葉のアヌビアス。ポイントとなる。
アヌビアス・ナナ・プチ ➡ P121

流木に活着する水草。レイアウトの中心となる。
アヌビアス・ナナ（流木付き） ➡ P129

一度根をはれば丈夫な水草。脇役として。
クリプトコリネ・ウェンティーリアルグリーン ➡ P125

4 上方から見た図

フィルターとヒーターを隠すように後景草を植えた。両サイドには後景草より背の低い水草を使用した。中心にはアヌビアス・ナナ付きの流木を置き、その脇に小さなアヌビアス・ナナ・プチを配置した。

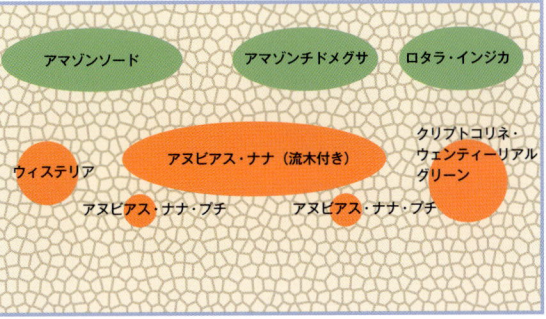

～水草デビュー 30cm水槽～
器具や魚の選び方

熱帯魚飼育では、入れる魚や水草の種類によって、適切なフィルターや照明を選ぼう。照明が明るすぎると大量のコケが発生してしまうし、暗すぎると水草が育たず枯れてしまう。また、フィルターの機能が十分でないと魚が調子を落としてしまうこともある。

デザインや価格も気になるが、必要とする機能を優先して決めるようにしよう。

1 照明設備

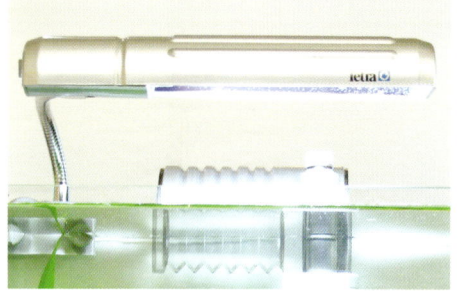

↑13Wの1灯式の照明。この水槽で使用した水草には十分な光量が得られる。また、こういったアーム式のライトはメンテナンスがしやすい。

2 フィルター設備

↑外掛け式フィルターはメンテナンスがしやすく、扱いやすい。フィルター内にはリング状ろ材をネットに入れたものや、活性炭が入れてある。

3 飼育のしやすい魚を選ぼう

↑水草と同じく初心者でも飼いやすいグッピーを選んだ。オス（右）とメス（左）を状態よく飼育できれば、繁殖も期待できる。オスはヒレが長く、メスは腹部がふくらんでいる。

3	レイアウトの流れ
	かんたん水草レイアウト

POINT 4

～水草デビュー 30cm水槽～

水景 before, after

before

水槽全体に水草を植え終わった状態。まだまだ水草の密度も低いし、背も低い。肥料不足を避けるため、即効性のある液肥と持続性のある底床肥料を併用し、しっかりと育成すれば、美しいレイアウトが完成するはずだ。

after 約3ヶ月後

全体的に繁茂し、レイアウトに奥行きができた。アマゾンソードやアヌビアス・ナナがよく成長し新芽を展開している。ロタラは葉が小振りになったように見えるが、これからさらにトリミングや差し戻しをすることで密度が増す。

LAYOUT 2

初心者からのステップアップ！
流木とクローバーのレイアウト

レイアウトの基本を学ぶ。

　前項の横幅30cmの水槽より一回り大きい、横幅36cmサイズの水槽。枝流木と水草が活着した流木などの、定番素材を使ったレイアウトだ。底砂に左右の傾斜をつけたり、前景草と後景草を植え分けるなど、レイアウトのポイントをしっかりと学ぼう。

　小型の水槽なので、小型の魚を選んで泳がせた。動きがかわいらしく水草との相性もよい。

　使用した水草はどれも成長が早く、トリミングや差し戻しといった基本的なテクニックを学ぶことができる。また、水草の育成には定番の器具、外部式フィルターとCO_2添加器具も設置した。

　レイアウト上達に向けて、ステップアップしていこう。

POINT! 珍しい活着水草

3 レイアウトの流れ
流木とクローバーのレイアウト

↑流木に活着させたウォーターフェザーがレイアウトのアクセントになっている。

↑前景は、成長の早いオーストラリアン・クローバーで覆った。

SIZE 36 cm

PANORAMIC VIEW 水槽の全景とデータ AQUARIUM DATA

- 水槽／36×22×26（cm）
- 水温、pH／26℃、6.2
- 底砂／アクアソイル・アマゾニア3ℓ（ADA）、パワーサンド0.7ℓ（ADA）
- フィルター／クラシックフィルター2211（エーハイム）
- CO_2／1秒1滴
- 照明／8時間点灯　ソーラーミニ（ADA）
- 水草／ミリオフィラム・マットグロッセンセグリーン、レッド・ミリオフィラム、ロタラ・ヴェルデキラリス、オーストラリアン・クローバー、ウォーターフェザー
- 生体／ボララス・メラー

POINT 1 〜ステップアップ！36cm水槽〜
水槽の土台作り

　植物が成長するためには養分が必要だ。水草の場合、根から養分を吸収する方法と水に溶け込んだ養分を葉から吸収する方法と2種類ある。

　ソイルは養分を含んでいるが、植える水草によってはソイルの養分だけでは足りないこともある。その場合は、パワーサンドなどの養分を含んだ底砂を使用して補ってやればよい。

1 パワーサンドを入れる

⬆パワーサンド（肥料を含んだ軽石）を入れて、手でならす。水槽の前方に1cmほどのすき間を空けると、前から見たときに土の層ができず、きれいに見える。

2 ソイルを入れる

⬆ソイルを入れて手でならす。左奥側を少し高くし、高低差をつけた。

3 器具を設置する

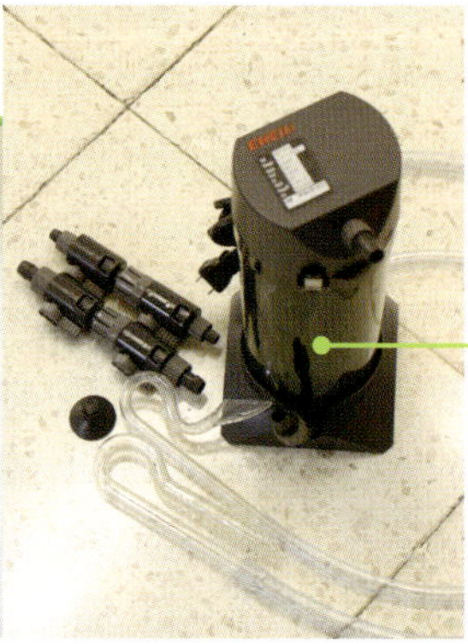

⬆外部式フィルターの中にはリング状のろ材を入れてある。

⬆フィルターやヒーターを設置した。外部式フィルターは製品によって取り付け方や設置する場所が異なる。一般的な設置例（p17）を参考に、説明書などをよく読み正しい方法で設置しよう。

3 レイアウトの流れ
流木とクローバーのレイアウト

4 枝流木を配置する

　枝状の流木を配置する。下図のような三角形を意識した構図になっている。

　枝流木はそれぞれの形が面白く、個性的だ。2〜3本を組み合わせて、図のような構図を意識した配置にするとレイアウトがうまくいく。

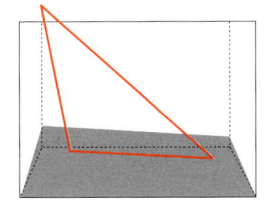

5 水を入れる

⬆キッチンペーパーをしいて、水を入れる。手を添えることでゆるやかに水を入れることができる。

6 完成

⬆水を8割ほど入れて土台の完成。キッチンペーパーを取り出すときに流木にひっかけてしまうことがあるので、慎重に行おう。

Q&A
流木はそのまま水槽に入れてもいいの？

　流木はものによって、水に浮いてしまうことがある。「きれいに配置したのに、注水後に浮いてしまった」ということを避けるために、レイアウトを開始する前に沈むかどうか確認しておこう。浮いてしまう流木も、1週間程水に漬ければ沈むようになるので、気に入った流木が浮いてしまうなら、事前に準備しておくとよい。

POINT 2 ～ステップアップ！ 36cm水槽～
水草の植え方

　小さなサイズの水槽なので、葉の細かい水草を選ぶなど、全体のバランスを考えながら、使用する水草のチョイスや植える場所を考えよう。

　中心に配置したウォーターフェザーは濃い緑なので、周りに植える水草は明るい葉を展開する種類を用いるなど、色彩的なバランスにも気を使うことがレイアウトのコツだ。

1　後景草（ロタラとミリオフィラム）を植える

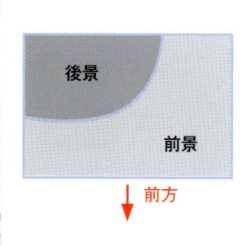

⬆ミリオフィラムとロタラを後景に植える。左奥に高くソイルを盛っている水槽では、図のように後景草・前景草を配置することもある。30cm前後の大きさの水槽では、中景草のスペースを作らずに、シンプルにレイアウトするとよい。

2　水草付き流木を入れる

← 水草付き流木

⬆ウォーターフェザーが活着した流木を入れる。本来は土台作りのときに入れておきたいものだが、レイアウト作成中にひらめいたため、この段階で入れた。

3　クローバーを植える

⬆オーストラリアン・クローバーを前景に植えていく。ある程度間隔を空けて植えていくと、数ヶ月後には前景全体に広がって成長していく。

40

> 3 レイアウトの流れ
> 流木とクローバーのレイアウト

4 水草の種類とレイアウト図

ミリオフィラム・マットグロッセンセ グリーン ▶ P135 
↑細かな葉。成長が早く、茂みになる。

レッド・ミリオフィラム ▶ P135 
↑赤いミリオフィラム。アクセントに。

ロタラ・ヴェルデキラリス ▶ P122 
↑成長のゆるやかなロタラ。後景と前景のつなぎになる。

ウォーターフェザー（流木付き） ▶ P130 
↑珍しい水草。葉先が細かい。

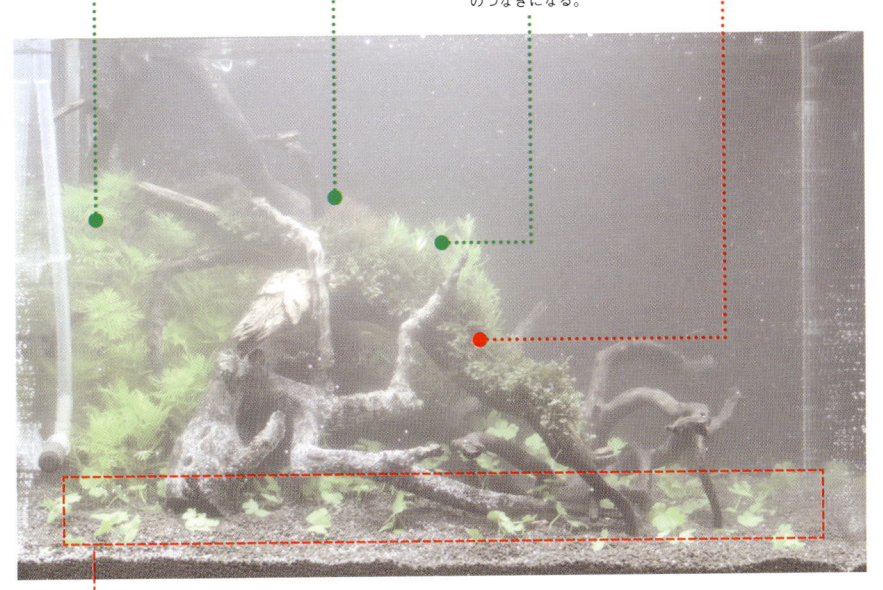

↓かわいらしい葉が前景を覆うように育つ。

オーストラリアン・クローバー ▶ P120

5 上方から見た図

左奥に背が高くなる後景草を配置し、前景草には横に伸びるオーストラリアン・クローバーを植えた。レッド・ミリオフィラムは後景草のアクセントになる。

POINT 3 ～ステップアップ！36cm水槽～
器具や魚の選び方

　水草は【CO_2添加＋外部式フィルター】という器具の組み合わせによって、育成がしやすくなる。どちらの器具も初心者には扱いにくいと思われているようだが、そのようなことはない。

　説明書をしっかり読み、設置例（p17、p18）を参考にして正しく器具を使い、健康な水草と魚を飼育しよう。

1 フィルター設備

- **排水部** ろ過された水はここから出て水槽に戻る。
- **ろ過槽** 中にはろ材を入れる。
- **給水部** ここからフィルター内に飼育水を取り込む。

⬆一般的な外部式フィルターの構造。ろ過槽内にはウールマットとリング状ろ材を入れる。設置のときに給水と排水の口を反対にしないように気をつけよう。

2 CO_2設備

- **レギュレーター** CO_2の流量を調節する器具。
- **CO_2ボンベ** CO_2が入っている。レギュレーターに適したものを選ぼう。
- **ボンベスタンド** ボンベを立てるために必須。
- **バルブ** 添加のON/OFFを手動で行える。
- **電磁弁** タイマーを使えば、自動で添加のON/OFFが管理できる。

⬆電磁弁を使うことによって、タイマーで管理することができる。レギュレーターの種類によって、電磁弁やバルブを使用できないものもあるので注意しよう。

3 小型の熱帯魚を選ぼう

⬆小さな水槽なので、成魚になっても2～3cmほどにしかならないボララス・メラーを群泳させた。

Q&A
CO_2を入れても魚は酸欠にならないの？

　照明がついているときにCO_2を添加すると、光とCO_2を使って水草は光合成をする。これによって水中に酸素が補給され、魚は酸欠にならない。

　しかし、消灯中は水草が光合成をしていないためCO_2が使われない。過剰なCO_2を添加すると魚は調子が悪くなってしまう。そのため、CO_2は昼間のみ添加し、夜間はエアレーションのみを行うと、水草や魚が必要とする環境を保つことができる。

POINT 4	~ステップアップ！36cm水槽~

3 レイアウトの流れ
流木とクローバーのレイアウト

水景 before, after

before

水草を植えた段階では流木が水景の半分以上を占め、流木がメインに見える。ここから水草が繁茂し、流木を覆うように成長していく。流木の形に合わせ、左から右へと背が低くなるよう意識し、水草を選択した。

約3ヶ月後 after

葉の大きかったミリオフィラムだが、トリミングを繰り返す内に水槽のサイズに合った葉のサイズになった。どの水草も繁殖スピードが早いので、流木のラインに合わせて定期的にトリミングをすることがレイアウト作成のポイントだ。

LAYOUT 3 スタンダードサイズの水槽
シンプルで美しいレイアウト

艶のある陰性の水草と、流木が主役。

　明るい水草の群生から突き出る黒い枝流木を活かした45cm水槽のレイアウト。自宅に置く水槽を選ぶ際に、横幅45cmというサイズは大きすぎず小さすぎずという絶妙なサイズだ。30cm前後の水槽よりスペースが広くなり、レイアウトにも幅が出てくる。

　45〜60cm水槽になると、選べる器材も多くなってくる。前景草をしっかりと育てるためには十分光量のある照明を選びたい。また、フィルターは適合サイズより少し大きめのものを選ぶとよい。

　魚は、水草でできた緑の背景を活かすために透明感のあるバタフライレインボーを選んだ。水草の茂みからゆっくり出てくる脇役として、スカーレットジェムなども混泳している。

　前景草には、レイアウト水槽の定番ともいえるグロッソスティグマを使用し、枝流木にはフレイムモスやミクロソリウム・ウェンディロフを活着させた。肥料をしっかりと含ませた土台作りや、水草の活着のさせ方など、ポイントをしっかりと抑えよう。

POINT! 様々な色・形の葉で自然感を演出

> **3 レイアウトの流れ**
> シンプルで美しいレイアウト

↑葉の形や色合いの異なる水草を混ぜて植えることで自然感のある水景を演出した。

↑フレイムモスは揺らめくように上に向かって伸びる珍しいモスの仲間だ。

SIZE 45 cm

PANORAMIC VIEW 水槽の全景とデータ AQUARIUM DATA

水槽／45×27×30（cm）
水温、pH／26℃、6.1
底砂／アクアソイル・アマゾニア5ℓ（ADA）、パワーサンド1ℓ（ADA）
フィルター／クラシックフィルター2213（エーハイム）
CO₂／1秒1滴
照明／8時間点灯　アクシーニューツイン450（アクアシステム）
水草／ロタラ・ナンセアン、ロタラ・マクランドラグリーン、パールグラス、ミクロソリウム・ウェンデイロフ、フレイムモス、グロッソスティグマ
生体／バタフライレインボー、ピグミーグラミー、スカーレットジェム

POINT 1 ～スタンダード45cm水槽～
水槽の土台作り

　レイアウト水槽では、パワーサンドやソイルという水草が成長するために必要な養分を多く含んだ底砂を使用する。そこへさらに肥料を足すことで、水草がよく育つようになる。

　ただし、肥料を多く含んだ水槽はコケなども発生しやすい。土台に肥料などを含ませた場合は、維持も大変だということを覚えておこう。

1 パワーサンドを入れる

↑肥料の染みこんだパワーサンドを使用する。養分だけではなく、底砂内の環境を整えるのにも有効だ。1ℓ使用した。

2 土壌改善剤を入れる

↑パワーサンドをならしたら、粉末状の土壌改善剤を撒く。底砂内の環境を良好に保つ効果がある。

3 ソイルを入れる

↑パワーサンドや肥料が完全に隠れるようにソイルで全体を覆う。ソイルをならす際に、パワーサンドや肥料が露出しないよう気をつけよう。

4 器具を取り付ける

フィルター給水パイプ
ヒーターのセンサー
フィルター排水パイプ
ヒーター
CO_2拡散器具

↑器具類を設置する。成長した水草で器具を隠せるよう、この段階で考えておくのが、美しいレイアウトを作るコツだ。

3 レイアウトの流れ
シンプルで美しいレイアウト

5 水草を活着させた枝流木を配置する

ミクロソリウム・ウェンディロフ（写真○）とフレイムモス（写真○）を流木に活着させて配置する。まずは流木のみでレイアウトしてみて、水草を活着させる位置を考えよう。

水草を流木に巻き付けるときの手順

① ← 流木の太さに合わせてビニールタイを切ったものを用意する（写真は10cm程度）。

② ← ビニールタイをミクロソリウムの中に通す。

③ ← ビニールタイをねじって固定する。少し余裕を持たせると後で角度の調整ができる。

④ ← 余ったビニールタイを切る。固定が十分でなければ①〜④を何ヶ所か行う。

① ← 少量のフレイムモスと、テグス（または釣り糸など）を用意しておく。

② ← テグスの片端を左手でつかむなどして、フレイムモスを巻く。2〜3周強めに巻く。

③ ← テグスを結んで切る。固定できていないようなら①〜③を繰り返す。

④ ← 完成したら、水につけて、フレイムモスが浮いてこないかを確かめておくとよい。

47

POINT 2 〜スタンダード45㎝水槽〜
水草の植え方

　36㎝水槽に続き、左奥に後景草を植えたレイアウトとなっている。45㎝水槽になり、水槽内が少し広くなった分、前景草と後景草の間に中景草としてパールグラスを植えた。

　前景草、中景草、後景草と上手に使い分けて水草レイアウトの基本を学ぼう。

1 ロタラを植える

⬆後景草としてロタラを2種類植える。ロタラ・ナンセアンとロタラ・インジカはそれぞれ葉の形や色が違うが、植え方は同じでよい。

2 パールグラスを植える

⬆パールグラスは中景草として多めに植える。上から見るなどして流木の隙間から2〜3本を束にして植えていく。

3 グロッソスティグマを植える

⬆グロッソスティグマはポット入りの状態から、ハサミで細かく分けて植える。前景草は後景草などとは異なり、間隔をそれなりに広く空けて植える。右の写真がグロッソスティグマを植え終わった状態。グロッソスティグマの植え方については、p111に詳しく記してあるので参考にして植えよう。

> 3 レイアウトの流れ
> シンプルで美しいレイアウト

4 水草の種類とレイアウト図

ロタラ・ナンセアン ➡ P133  
⬆ 葉が細かい。よく伸びる後景草。

ミクロソリウム・ウェンディロフ ➡ P128 
⬆ 流木に活着する水草。中景のポイントとして。

ロタラ・マクランドラ グリーン ➡ P133 
⬆ 葉が赤みを帯びる。後景のアクセントに。

パールグラス ➡ P127 
⬆ 細かな葉ぶり。後景と前景をつなぐ。

フレイムモス ➡ P130 
⬆ 流木に活着する。中景でポイントに。

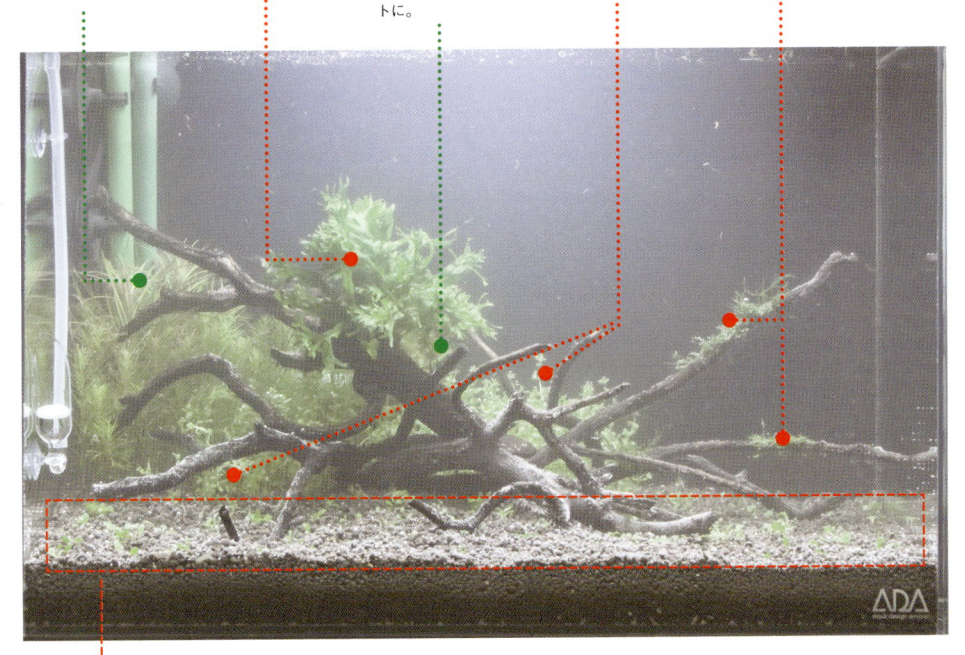

グロッソスティグマ ➡ P118
⬇ 重なるように横に成長し、前景を覆う。

5 上方から見た図

後景草のロタラと前景草のグロッソスティグマ間にパールグラスを植えた。植え分けによって、正面から見たときに高低差がつき美しい。

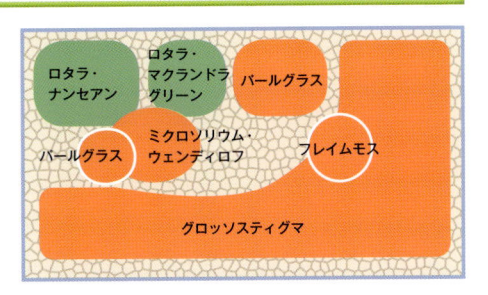

ロタラ・ナンセアン	ロタラ・マクランドラ グリーン	パールグラス
パールグラス	ミクロソリウム・ウェンディロフ	フレイムモス
グロッソスティグマ		

POINT 3 ～スタンダード45cm水槽～
器具や魚の選び方

　45cm〜60cmサイズの水槽用の器具は、とても種類が多い。どの水槽サイズでも同じだが、飼育したい魚や水草に合わせて適切なものを選ぶことが基本だ。

　グロッソスティグマは、光が弱いと水面に向かって伸びてしまい、絨毯のように横に成長してくれない。このように前景草の多くは、光の強さによって成長する向きが変わる。こういった特徴をふまえて器具選びをしよう。

1 照明設備

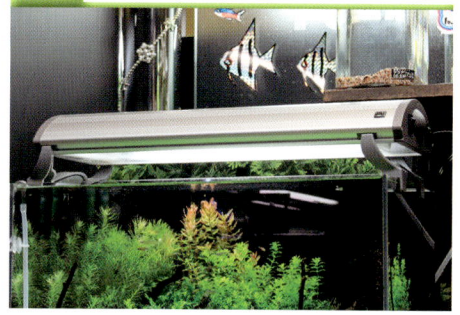

⬆光量を多く必要とするグロッソスティグマの育成のため、27W×2灯の照明を使用した。

2 CO_2 設備

⬆CO_2の拡散器具。CO_2を細かい泡にして水中に溶けやすくする。〇の白い部分はコケがつきやすいので、専用の洗浄液を使用して定期的に洗浄しよう。

3 水景に合う魚

⬆水槽内を上層から下層まで泳ぐピグミー・グラミー（左上）はアクセントとし、茂みからゆっくり出てくるスカーレットジェム（上）を脇役に。黄色いヒレが印象的なバタフライレインボー（右）をメインフィッシュとした。

POINT 4

~スタンダード 45cm水槽~
水景 before, after

レイアウトの流れ 3
シンプルで美しいレイアウト

before

成長した水草の茂みから枝先が突き出るように枝流木を配置した。前景草はまばらに、中景草と後景草は束にして植えた。肥料を多く使用したので、飼育水の立ち上がり（安定するまで）を早めるために24時間エアレーションを行った。

after 約3ヶ月後

グロッソスティグマが前景を覆うようにきれいに成長した。流木のレイアウトは水草の状態を見て少し変更した。細い葉や丸みのある葉など、葉の形が異なり、また色合いも違う水草を混ぜて植えたことで自然感があるレイアウトになった。

LAYOUT 4 紅白エビが主役の小型水槽
リシアとエビのレイアウト

隠れ家となる場所と、観賞スペースを分けて作ろう。

　20cm四方の正方形サイズの小型水槽でレッドビーシュリンプの飼育を目的としたレイアウト。溶岩石にリシアを巻き付けたものや、枝流木などの素材を使用した。また、底砂にはソイルではなく、目の細かい砂を使っている。

　水量が10ℓ以下の小型水槽は、小さくて手頃なサイズで、維持がかんたんだと思われがちだが、実際は水質が安定しにくい。ビーシュリンプは水質の悪化に敏感な面もあるので、よい環境を維持する方法をしっかりと学んでいきたい。

　ビーシュリンプ飼育では、繁殖をねらうのも楽しみの1つだ。オスとメスを適切な環境で飼育すれば、稚エビのかわいい姿を見つけることができるはずだ。また、エサを入れると群がってくるので、その様子も見ていて楽しい。

　小さな水槽なので、こまめな水草の管理も必要になってくる。しっかりと水草を繁茂させ、水草や流木を使ってエビたちの隠れ家となるスペースと、活動が観賞できるスペースを作り分けよう。

レッドビーシュリンプの模様

⬆ レッドビーシュリンプは模様によって値段にかなり違いがあるが、気に入った模様の個体を選ぶのが一番だろう。写真左のような白色が少ない個体ほど流通数が多い。赤と白のバンド状の模様が濃く出ている写真右のような個体は、模様の出方によって下記のようなグレード分けがされていることがある。

・赤白バンド…グレードを持つタイプの中では最も流通数が多い、赤白のバンドがくっきりと出てる個体。
・日の丸…背中の面に赤色の丸い模様が浮き出ている個体。
・モスラ…体の半分以上が白く、赤色の少ない個体。

SIZE 20 cm

PANORAMIC VIEW 水槽の全景とデータ AQUARIUM DATA

水槽／20×20×20（cm）
水温、pH／26℃、6.8
底砂／パワーサンド 0.1ℓ(ADA)、ナイルサンド 1kg(ADA)
フィルター／ミニフィットフィルター MF（コトブキ）
CO_2／1秒1滴
照明／8時間点灯　クリアライトキュアラ（ジェックス）
水草／パールグラス、ニードルリーフ・ルドヴィジア、リシア
生体／レッドビーシュリンプ

POINT 1 〜エビが主役 20cm水槽〜
水槽の土台作り

　水草を植える部分と植えない部分を事前に考えてからレイアウトの土台作りをしていく。ソイルは水洗いをせずに使用できる底砂だが、砂利はそのまま使用せず何回か洗ってから使おう。

　砂利にも粒が大きいものと小さいものがあるが、小型水槽で使用するなら粒の小さな砂利を選ぶのが一般的だ。

1 パワーサンドを入れる

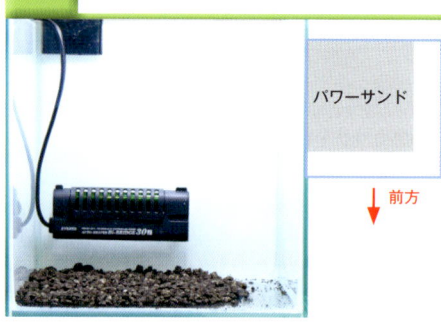

パワーサンド
↓ 前方

⬆水草を植えたい部分にパワーサンドを入れる。図のように左奥に寄せた。

2 砂利を洗う

⬆砂利はにごりがある程度取れるまで洗う。粒が大きい砂利を取り除くためにザルを使うとよい。

3 砂利を入れる

⬆洗った砂利を手で入れていく。左奥が高くなるように敷いていき、水を入れた。

4 溶岩石にリシアを巻く

⬆リシアは活着しないので、専用のリシアラインかテグスなどの劣化しにくい糸で巻き付ける。リシアは重しを付けないと浮いてしまう。

3 レイアウトの流れ
リシアとエビのレイアウト

5 流木と溶岩石を配置する

↑枝流木と溶岩石を配置する。ヒーターとの間に水草を植えるスペースを空けておく。

6 パールグラスを植える

↑上方から見てパールグラスを植えていく。流木のすき間から、密度を高くして植えていくとよい。アクセントとしてニードルリーフも3本植えた。

↑水槽を上方から見た図。

7 水草の種類とレイアウト図

パールグラス
➡P127

↑小さな水槽では後景草にもなる。

ニードルリーフ・ルドヴィジア
➡P134

↑2〜3本をアクセントとして。

リシア
➡P130

←横によく伸びる水草。前景草のように使用した。

55

POINT 3 〜エビが主役 20cm水槽〜
ビーシュリンプの育て方

　ビーシュリンプは、ちゃんとした環境さえ用意すれば飼育も繁殖も決して難しくはない。とはいえ、いくつか注意すべき点はある。流通が少なく人気のあるビーシュリンプは決して安くない。特に白の面積が多い個体はとても珍しく、価格も安くはない。

　貴重なビーシュリンプをきちんと飼育し繁殖させるために必要なノウハウを、ここでは解説する。

1 抱卵と雌雄判別

腹部

⬆ビーシュリンプのオスとメスの見分け方は難しいが、腹部に丸みのある個体はメスであることが多い。卵を持つと腹部に黄黒色の卵が確認できる。

2 エサについて

⬆ビーシュリンプ専用のエサはたくさん売られているが、動物性のものと植物性のものをバランスよく与えるとよい。

3 稚エビについて

⬆生まれたばかりの稚エビはとても小さいので、フィルターに吸い込まれないように給水部にスポンジなどをつけるとよい。1cm程度の大きさになれば大丈夫。

Q&A
なかなか繁殖しないのだけれど…

　ビーシュリンプが繁殖しやすい環境のポイントをいくつかまとめてみよう。
・弱酸性で安定した水質を保つ。
・隠れ家となるスペースを作る。
・稚エビを食べてしまう魚を入れない。
・動物性と植物性のエサをバランスよく与える。
　この環境でないと繁殖しないというわけではないが、繁殖しやすい環境としておさえておこう。

POINT 4 ～エビが主役 20cm水槽～
水景 before, after

3 レイアウトの流れ
リシアとエビのレイアウト

before
　パールグラスをたくさん植えたところから黒い枝流木が突き出るように配置されたレイアウト。水草を植えていない部分はビーシュリンプを観賞したり餌を与えるためのスペースとなる。

after 約3ヶ月後
　パールグラスの茂みが成長し背も高くなった。リシアを巻いた溶岩石の位置が少し変更されている。それに伴い流木の角度も少し変えた。ポイントのニードルリーフもしっかり成長している。

レイアウト素材①…流木

　流木は水草レイアウト水槽を作る際に、一番広く使われている素材だ。一口に流木といっても、産地や木によって特徴がある。レイアウトで使用する際にはバラバラな種類の木を使うよりも、統一感がある方がよい。

　多くの専門店で売られている流木は海外で採集されたものだ。日本で採集できる流木は、長期的に水槽内に入れておくとボロボロと崩れてしまうケースが多いのであまりオススメできない。

　流木のアクで飼育水が黄ばんだ場合は、水換えや水流のあるところ（フィルター内など）にアク取り効果のある活性炭を入れて対応しよう。

流木

　一般的な流木。基本的には水に沈むが、浮いてしまうものもある。何日か水に漬けておけば沈むので、石などを重しにしておくとよい。レイアウトで使用する際は一度沈めて確認しよう。

この素材を使ったレイアウト
⦿ P4, P6, P8, P10, P28, P36, P78, P98, P106

穴あき流木

　ビーシュリンプなど、エビの仲間が隠れ家として好む流木。自然に穴が空いたものと、ドリルを使って人工的に穴を空けたものがある。

　平らな形をしたものが多く、本格的なレイアウト水槽ではあまり使用されないようだ。

枝流木

　表面がツルツルしたものや、皮がめくれてガサガサしたものがある。枝分かれしている形が面白く、小型水槽〜横幅60cm水槽あたりまで幅広く使える。

　水に入れると浮きやすく、最初は重しでおさえておくとよい。また、導入初期に表面がカビで覆われることもあるので、取り出してブラシで擦ったりヤマトヌマエビやオトシンクルスなどを飼育するなどの対策をしよう。

この素材を使ったレイアウト
⮕ P88

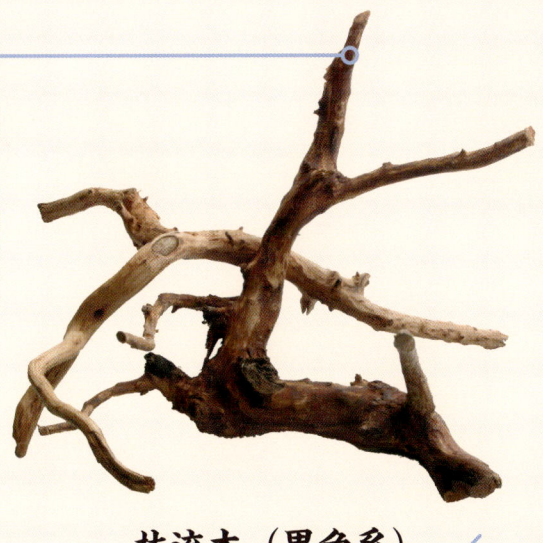

枝流木（黒色系）

　枝流木の表面を焼いてコーティングしたもの。小振りなものが多く、大きな水槽では使用が難しい。水中で浮いてしまうことは少ない。導入初期はカビがでてしまうことがあるので、こちらもヤマトヌマエビやオトシンクルスが対策となる。

この素材を使ったレイアウト
⮕ P36, P44, P52

構図を学ぼう…三角構図、放射状構図

参考レイアウト ⮕ P36, P44, P52, P106

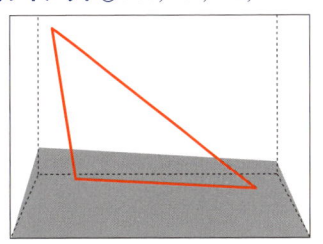

　三角構図は様々な場面で使える。底砂の左右どちらかを高く盛って、流木などを配置する。図の場合、左奥に後景草を植えて、トリミングも三角構図を意識したようにすれば、シンプルだが見栄えのよいレイアウトになる。

参考レイアウト ⮕ P68, P98

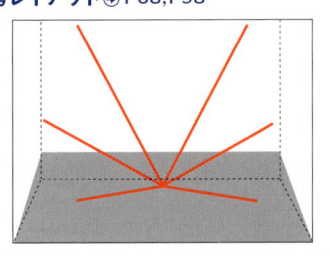

　放射状に流木や石などを配置することでできる構図。細長い素材を活かしたい場合に用いるとよい。後景草を凸型構図（p87参照）になるようにトリミングをすると、バランスのよいレイアウトになる。

LAYOUT 5 石組みと育てやすい水草
砂利と木化石のレイアウト

CO_2 添加なしで育つ水草と、木化石のコンビネーション。

　木化石という樹木の化石を使用した横幅60cmの水槽で、水草はCO_2添加なしでも育成のしやすいものを選んだ。横幅が60cmを超える水槽になると、レイアウト素材、飼育可能な魚、水草の種類が多くなる。家庭で本格的なアクアリウムを楽しむには最適なサイズだろう。

　器具類は、初心者セットなどに付属していることが多い上部式フィルターと2灯式カラーライトを使用した。底砂には砂利を使用しているため、ソイルを使用した水槽とは印象が変わる。

　コバルトブルー・ドワーフグラミーなどの、小型水槽ではやや手狭に感じるような魚も、60cm水槽ではゆったりと飼える。岸壁のような木化石のレイアウトに色とりどりの熱帯魚が泳ぐと、魚の魅力も引き立つ。

　砂利を使ったこの水槽は、肥料をたっぷり含んだソイルを使用した水槽と比べると、コケに悩むことは少ない。CO_2添加をしていないと水草の成長も遅くなるので、じっくりと水草を育てることができる。

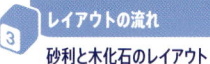

POINT! 石の継ぎ目を埋める水草　　3 レイアウトの流れ　砂利と木化石のレイアウト

⬆ 石と石との間にはクリプトコリネやアヌビアスが植えられ、石が連なっているように見える。

⬆ ゆったりと泳ぐコバルトブルー・ドワーフグラミーは他の魚に比べて大きく、存在感がある。

PANORAMIC VIEW 水槽の全景とデータ AQUARIUM DATA

SIZE 60 cm

水槽／60×30×36（cm）
水温、pH／26℃、7.4
底砂／クリスタルオレンジ 12kg（スドー）
フィルター／スライドフィルター 600（ニッソー）
CO₂／なし
照明／8時間点灯　カラーライト 600 2灯付（ニッソー）

水草／ラージリーフハイグロ・ナローリーフ、アンブリア、クリプトコリネ・ウェンティーリアルグリーン、クリプトコリネ・ルテア、ロベリア・カージナリス、アヌビアス・ナナ・イエローハート
生体／コバルトブルー・ドワーフグラミー、ネオンテトラ、プラティ、ホワイトプリステラ

POINT 1 　～水草と石組み 60cm水槽～
水槽の土台作り

　流木を使わず、石と水草のみで構成されたレイアウトを「石組みレイアウト」とよぶ。石は、置く向きや角度次第で表情を変えるので、右ページのレイアウトのポイントを参考にして石組みレイアウトを学んでいこう。

1 砂利を入れる

⬆石組みをする前の段階では平らに底砂を敷く。砂利は何回か水洗いしておこう。

2 器具を設置する

⬆上部フィルター、ヒーターなどの器具を設置する。最終的にはこれらの器具がうまく隠れるよう石をレイアウトしたい。

3 木化石を配置する

⬆石の配置が決まったら底砂に傾斜をつけ、土台を完成させる。レイアウトに迷うようなら水槽外で仮組み（石のだいたいの位置や角度を決める）を行うとよい。

4 水を入れる

⬆作った土台を壊さないように、注水する。石を不安定な角度に置くと注水したときに石が倒れてしまうこともあるので、注意しよう。

5 レイアウトのポイント

色々なサイズの石を集めよう

　専門店で石を購入するときは、水槽サイズに合わせて大・中・小の3種類の石を集めるとよい。ついつい大きくて存在感のある石に目を惹かれてしまうが、まずはバランスよく石を集めることが石組みのポイントだ。どのように配置するかで見え方も変わるので、置き方も考えて吟味しよう。

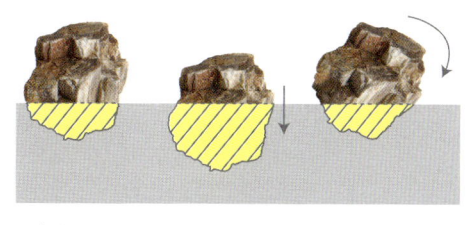

↑底砂に埋めたり、角度をつけたりすることで、同じ石でも見え方が変わる。

↑この水槽で使用した石は全部で6つ。
←同じ6つの石で違う石組みを作ったり、石を減らして組むこともできる。

石の「顔」を見つける

　石をレイアウトするときは置き方が重要になる。下の2つの写真のように、角度や見せる面によって印象が随分変わるからだ。石にはそれぞれ水槽内で映える角度=「顔」があるので、素材を360度よく見て、適した向き・角度で配置していこう。

↑最初に石を仮組みした段階では、この向きで置かれていた。

↑最終的に石を縦に180度回転させて、砂利に傾斜をつけた状態。置き方を変えても石が向いている面（顔）は変わっていない。

POINT 2 〜水草と石組み 60㎝水槽〜
水草の植え方

　上部式フィルターを使用すると、水槽の奥には水草の育成に十分な光が届かず、成長が悪くなることが多い。光量を多く必要とする水草を植えないようにするなど、器具に合わせた水草選びをしよう。

　砂利とソイルでは植えたときの感触が少し違うが、植え方は同じでよい。

1 ハイグロフィラとウィステリアを植える

⬆後景草にハイグロフィラとウィステリアを植える。植える部分の茎からは葉を取り除き、やや深めに植えよう。この段階ではウィステリアを植えたのだが、成長の状態やレイアウトのバランスを見て数週間後にアンブリアに植え替えた。

2 クリプトコリネを植える

⬆クリプトコリネを小分けにして植える。根が固まっている部分は簡単に手で分割できるので、広く植えたいときは株分けして植えよう。

Q&A
水草の色が変わる？

　水草の中には水上葉と水中葉で色が違うものがある。ロベリア・カージナリスは、水上葉の状態では紫色をしているが、水中葉は緑色だ。成長した水草の姿を知っておくとよい。

➡水上葉は、緑色の水中葉と比べて紫がかっている。

レイアウトの流れ
3 砂利と木化石のレイアウト

3 水草の種類とレイアウト図

ウィステリア → P124
→ 丈夫な水草。今回はアンブリアに植え替えられた。どちらもよく伸び、後景草として使える。

ラージリーフハイグロ・ナローリーフ → P137
→ 大きな葉を持つ後景草。

↓ 石と石の間に植え、継ぎ目を隠す。中景の脇役として使われることが多い。

↓ 大きめの葉を持つ前景草として。

↓ ロベリアと種類の違う前景草として。

クリプトコリネ・ルテア

クリプトコリネ・ウェンティーリアルグリーン → P125

ロベリア・カージナリス → P121

アヌビアス・ナナ・イエローハート → P129

Q&A 砂利でも水草は育つの？

水草レイアウトではソイルを用いるのが主流だが、もちろん砂利でも水草は育つ。ソイルと異なり、栄養分を含んでいないため、肥料を追加するとよい。また、ソイルは半年〜1年ほどで粒が崩れてきてしまうが、砂利はきちんと掃除をすればいつまでも使える。

POINT 3 　〜水草と石組み 60㎝水槽〜
器具や魚の選び方

　上部式フィルターは飼育水と酸素が交わりやすいためバクテリアがたくさん繁殖し、ろ過性能が高い。また管理もしやすく初心者が扱いやすいフィルターだ。

　60㎝水槽になると、器具も魚もたくさんの種類から選ぶことができる。器具の性能や、魚の特徴をしっかり把握して選ぼう。

1　フィルター設備

⬆上部フィルターの内部にはスポンジのマットと、たくさんのリング状ろ材が入っている。フタを開けるだけで内部をいじれるのでろ材の追加や交換などがしやすく、自分好みの環境を作りやすい。

2　飼育のしやすい魚を選ぼう

⬆ホワイトプリステラ（上）など、飼育しやすくきれいな魚を多く選んだ。60㎝未満の水槽に比べ、コバルトブルー・ドワーフグラミー（右）などのやや大きめな魚が選べるようになった。

POINT 4 ～水草と石組み 60cm水槽～

3 レイアウトの流れ
砂利と木化石のレイアウト

水景 before, after

before

底砂に色が付いているため水槽内が明るく見え、黒いバックスクリーンを貼ることで器具類も目立たなくなる。ソイルを使わずCO_2添加をしない水槽では、水草の成長は比較的遅くなる。渋い色味の石を配置しているので、濃い緑色の水草がよく映える。

約3ヶ月後 after

後景のウィステリアはアンブリアに植え替えた。石と石の間もクリプトコリネで自然に隠れている。水草がグングン成長して繁茂するということはないが、じっくりと成長し水景が完成していく。石には薄くコケがついて水景によく馴染んでいる。

LAYOUT 6　気孔石とヘアーグラスの水景
草原をイメージしたレイアウト

ヘアーグラスと石組みで、清涼感を演出する。

　気孔石（きこうせき）とヘアーグラスのみで作られたレイアウトはまるで草原のような雰囲気だ。左奥にソイルを高く盛ることで、小高い丘を表現している。

　ヘアーグラスは、CO_2添加をして、十分に光量を与えれば容易に育成できる。

　55W×2灯という明るい照明を使い、CO_2の添加をしているこの環境下では、石や水草にコケがついてしまうことが多い。対策として、ヤマトヌマエビ、オトシンクルスなどの生体を多めに入れるとよい。

　草原のようなレイアウトでは、ディープレッドホタルテトラのように、緑の中でも埋もれてしまうことなく群れて泳ぐ魚を選ぶとよい。また、スペースの空いた上層部を斜めに泳ぐエクエスペンシルや、大きめのアピストグラマがポイントとなって水景を楽しませてくれる。

　石の配置やヘアーグラスが成長してきてからの管理の仕方など、ポイントを学んで清涼感のある草原レイアウトを作ろう。

SIZE
60 cm

PANORAMIC VIEW
水槽の全景とデータ
AQUARIUM DATA

水槽／60×30×36（H）
水温、pH／26℃、6.3
底砂／アクアソイル・アマゾニア 9ℓ（ADA）、パワーサンド 2ℓ（ADA）
フィルター／クラシックフィルター2213（エーハイム）
CO_2／1秒1滴

照明／8時間点灯　アクシーパワーツイン 600（アクアシステム）
水草／ヘアーグラス
生体／アピストグラマ・イリニダエ、エクエスペンシル、ディープレッドホタルテトラ、サイアミーズフライングフォックス

POINT 1 〜石と草原 60cm水槽〜

水槽の土台作り

　石組みレイアウトでは、そのレイアウトの核となる石を「親石」と呼ぶ。親石は使う石の中で一番大きく、存在感のあるものを選ぼう。

　石の角度のつけ方や、配置の仕方について、どのように考えていくと自然で美しいレイアウトができあがるかを学んでいこう。

1 ソイルを入れる

⬆奥行きや配石の流れを意識してソイルを入れる。左右に高低差をつけている。

2 仮組みをする

⬆レイアウトに使用する石を並べて仮組み（それぞれの石のだいたいの位置や角度を決める）をする。

3 石を取り出してからソイルを足す

⬆使いたい親石が小さいと感じたら、石をいったん取り出してからソイルを足す。底砂を高くすることは、石の迫力を増す効果がある。この時点で12ℓのソイルを使った。

> **3 レイアウトの流れ**
> 草原をイメージしたレイアウト

4 親石を配置する

↑奥行きや配石の流れを意識してソイルを入れる。左右に高低差をつけている。

5 その他の石を配置する

↑親石から順に、大きい石を並べていく。水槽の正面に立ち、レイアウトのバランスを見ながら小石の配置をしていくとよい。

6 盛り土をする

↑石を配置し終えたら、盛り土（1ℓ）をして石を安定させる。水を入れる前に、石の角度などの調整もしておこう。

7 器具を取り付けて水を入れる

フィルター排水パイプ
フィルター給水パイプ
ヒーター
CO_2 拡散器具

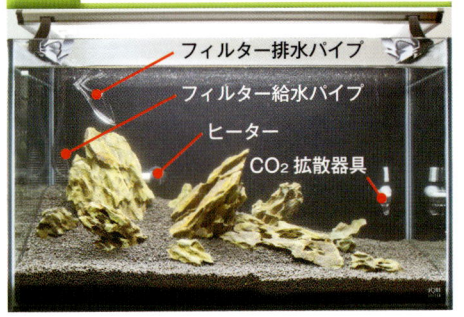

↑器具を取り付けて水を入れる。写真のようなガラスの給排水パイプは、石にぶつかると割れてしまう危険なので最後に付けよう。

Q&A

石の色が変わった？

　石組みレイアウトを作って、水槽に水を入れると石の色が変わっていく…ということがよくある。あまりに雰囲気が違うとレイアウトを台無しにしてしまう。石は光の当たり具合を変えたり水に濡れたりすることで、様々な表情を見せる。失敗しないためには、事前に水につけておくことだが、水に濡れていると仮組みのときにソイルがくっついてしまうことは考慮しておこう。

8 レイアウト図

放射状のレイアウト

　右図で示した①〜③の石がレイアウトの中心となる。①は水槽の左奥、②は右奥、③は左手前に向かってそれぞれ角度がついている。

　その他の石も水槽のカドに向かって角度をつけられている。

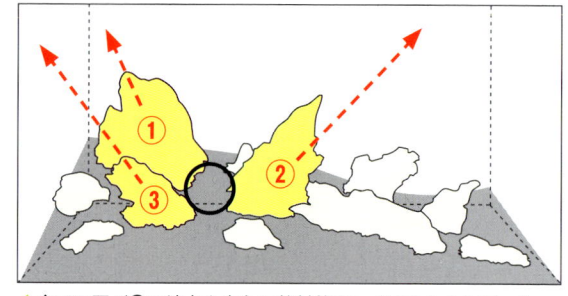

↑全ての石が〇の地点を中心に放射状にレイアウトされている。

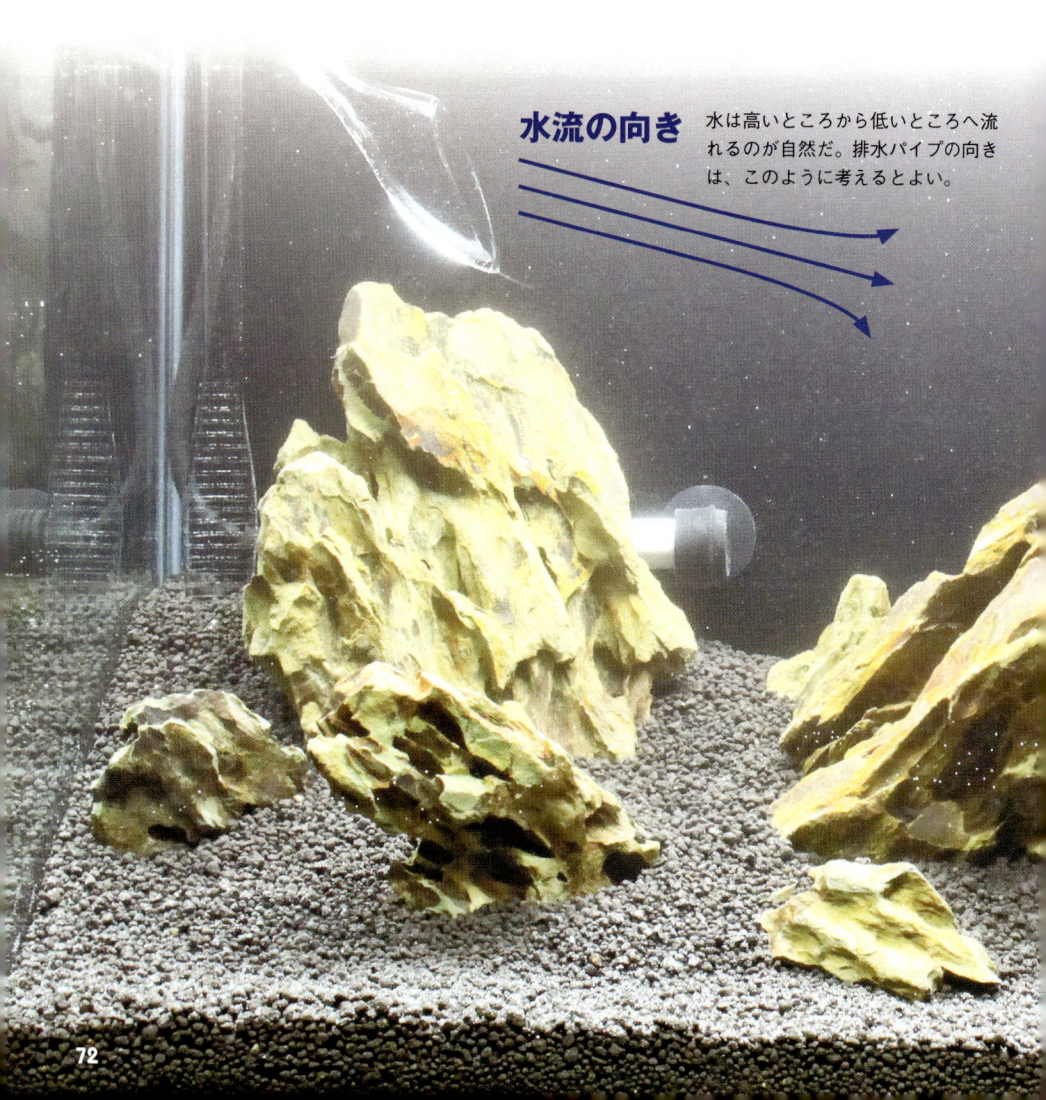

水流の向き　水は高いところから低いところへ流れるのが自然だ。排水パイプの向きは、このように考えるとよい。

石の角度で流れを作る

　石組みレイアウトで「迫力」や「流れ」を演出するためには、かなり不安定な角度に石を傾けるとよい。

　石に角度をつけたらそれに合わせてフィルターの排水部の位置を決めよう。水の流れと石の角度のバランスはなるべく不自然にならないようにしたい。また、水草が成長してくると石の底部などは隠れてしまう。そういった点も考えて石組みレイアウトをしよう。

↑上から見ると角度のつき具合がよく分かる。

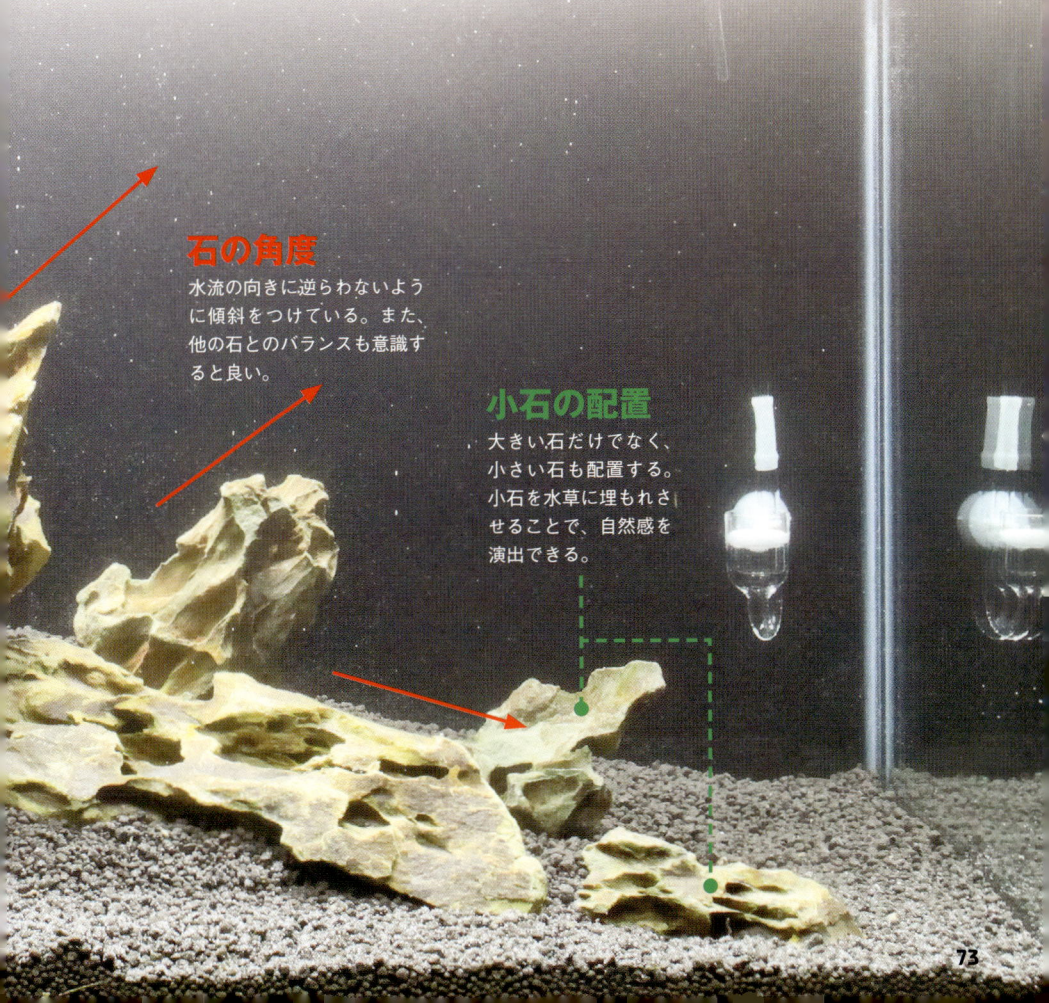

石の角度
水流の向きに逆らわないように傾斜をつけている。また、他の石とのバランスも意識すると良い。

小石の配置
大きい石だけでなく、小さい石も配置する。小石を水草に埋もれさせることで、自然感を演出できる。

POINT 2 〜石と草原60cm水槽〜
水草の植え方

　ヘアーグラスは「ランナー」と呼ばれる繁殖茎を出し、どんどん増える水草だ。

　ショップではまとめた状態で販売されているので、購入してきた状態でなく5〜10本ほどを1株にして植栽すると、それぞれの株からランナーが伸び水槽全体に繁茂しやすく、効率的にヘアーグラスを増やすことができる。

1 全面にヘアーグラスを植える

⬆ピンセットで根の先をつまみ、1株ずつ植える。1本1本の間隔は、レイアウトを完成させたい時期から計算して決める。写真の間隔（1cm程度）で植えると2ヶ月後にはヘアーグラスの草原ができあがる。用意した水草が少ない場合は完成するまで時間がかかるが、間隔を空けて植栽すれば問題はない。

Q&A
どのくらい深く植えるの？

　レイアウト水槽では、ソイルをかなり厚めに敷くため、水草を深く植えることができるようになっている。しかし、ヘアーグラスのような水草は、あまり深く植えてしまうとソイルに埋まってしまっている葉の部分が腐ってしまう。植えるのは根の部分（1cm程度）だけでよい。

3 レイアウトの流れ
草原をイメージしたレイアウト

2 ヘアーグラスをトリミングしよう

↑根から2～3cmほど残して、全てのヘアーグラスをトリミングする。先がカーブしたハサミの方がやりやすい。

ヘアーグラスのトリミングは新芽の成長を促す

　専門店で購入したヘアーグラスの葉は、水上葉とよばれる状態が多いので、そのまま植えると、元の葉は枯れてしまう。葉が枯れたまま残っているとコケの原因にもなるので、植えたその日にトリミングする。植える前にトリミングをすることもあるが、全体の雰囲気を意識しながら植えるために、今回は植えてからトリミングを行った。

　トリミングをすると、葉を切られたヘアーグラスは危険を感じて新芽を展開し始める。

Q&A
切られた葉がもったいない？

　水草水槽を始めたばかりの頃は「せっかく買ってきた水草を、こんなにたくさん切ってしまって平気なのだろうか」という気持ちになってしまうことがあるかもしれない。しかし、上述したように水草を上手に育成するためには大胆なトリミングや葉の処理が不可欠だ。

　切った後に水面に浮かぶ大量のヘアーグラスからは新芽が出たりすることはないので、これらは全て捨ててしまおう。

POINT 3 　～石と草原 60㎝水槽～
器具や魚の選び方

　ヘアーグラスと石のみのレイアウトでは、上層部にぽっかりとスペースができてしまう。フィルターの給排水部のパーツに目立ちにくい透明なガラスのパイプなどを選ぶと、レイアウトの邪魔にならない。また、上層を泳いでくれる魚を選ぶと、スペースを埋めてくれる存在となる。

　水草と石などの素材だけではなく、魚や器具によっても水槽の印象は変わるので、バランスや調和を考えよう。

1　ガラス製器具

⬆ガラス製の器具は取り扱いに注意しないと割れてしまうことがある。コケが付着してくると汚れも目立つので、専用の洗浄液を使用して、定期的に清掃しよう。

2　水景に合う魚

⬆上層を斜めに泳ぐエクエスペンシル（左）や、ポイントとして体が大きめのアピストグラマ・イリニダエ（中央）を混泳させた。ディープレッドホタルテトラ（右）は群泳して中層を泳ぐため、草原に埋もれることがない。

POINT 4

~石と草原 60cm水槽~

水景 before, after

レイアウトの流れ ③ 草原をイメージしたレイアウト

before

ヘアーグラスを植えた直後の様子。ヘアーグラスは細い水草なのでソイルがかなり目立っている。十分な光量と CO_2 の添加で、ランナーを伸ばし密度を増していく。水草が繁茂すると、石が水草に隠れて、水景の印象はガラっと変わる。

約3ヶ月後 after

ヘアーグラスが全体を覆い、美しい草原となった。石が水草に埋もれ、自然感を演出している。後景を長めに前景は短めにトリミングすることでバランスをとっている。ヘアーグラスは繁茂すると水の通りが悪くなるので、コケ対策は万全にしよう。

LAYOUT 7 背の高い水槽でのレイアウト
有茎草と流木の森林

高さのある水槽を活かした流木と水草を選ぼう。

　高さが45cmある水槽なので、流木や水草は高さを活かせるものを選んだ。後景草にはボリュームの出る有茎草を植え、流木は立てて配置したことで、森林のように暖かみがあるレイアウトになっている。背の低い茂みと背の高い茂みが、バランスよく中景と後景にできている。

　水槽の底部に植えた前景草にも十分な光が届くように、メタルハライドランプを照明に選んだ。メタルハライドランプは蛍光灯に比べ直線的な光を発するので、高さのある水槽に向いている。

　エンゼルフィッシュやカージナルテトラなどの、飼育がしやすくポピュラーな種類の魚が主役となっている。このくらい高さのある水槽だと、他の魚と比べ体高があるエンゼルフィッシュが水景の中で映えてくる。

　水景を美しく仕上げるためには、トリミングによって後景草の茂みの形を整えたり、活着したモスとリシアをきれいに維持していくことが重要だ。日々のマメなメンテナンスが美しいレイアウトを作るコツなのだ。

POINT! 成長が早く、茂みを作る水草

③ レイアウトの流れ
有茎草と流木の森林

↑ミリオフィラムやロタラなど、成長が早く葉先が細かい有茎草を後景草に選んだ。

↑流木にはリシアとウィローモスを巻いている。美しい状態を保つには、こまめなトリミングが重要だ。

SIZE 60 cm

PANORAMIC VIEW　水槽の全景とデータ　AQUARIUM DATA

水槽／60×30×45（cm）
水温、pH／26℃、6.3
底砂／アクアソイル・アマゾニア 9ℓ（ADA）、パワーサンド 2ℓ（ADA）
フィルター／クラシックフィルター2215（エーハイム）
CO_2／1秒1滴
照明／8時間点灯　ソーラーI（ADA）

水草／ミリオフィラム・マットグロッセンセグリーン、ロタラ・ナンセアン、ミクロソリウム・ベビーリーフ、アヌビアス・ナナ、ラージ・パールグラス、リシア、ブリクサ・ショートリーフ、アフリカン・チェーンソード、エキノドルス・テネルス
生体／エンゼルフィッシュ、カージナルテトラ、ブラックファントムテトラ、ブラックモーリー

POINT 1 〜背の高い60cm水槽〜
水槽の土台作り

　流木と水草のみでレイアウトされた水槽なので、流木の配置は慎重に行った。レイアウトの中で映えるようにある程度長さと太さのある流木を選ぶようにしよう。

　流木の配置にゆっくりと時間をかけたい場合は、流木や巻き付けた水草が乾かないように霧吹きを用意しておくとよい。

1 パワーサンドを入れる

⬆パワーサンドを入れて、全面に薄く敷く。器具類も設置しておく。

2 ソイルを入れる

⬆流木を仮組みするために、パワーサンドの上からソイルを入れる。この時点では傾斜をつけず水平に敷く。

3 流木を仮組みする

⬆流木を仮組みする。置く位置が決まったら水草を活着させる箇所をイメージしよう。

4 流木に水草を活着させる

⬆水草を活着させた流木を配置する。〇の位置にリシアとモス巻き、〇の位置にアヌビアス・ナナを巻き付けた。

> 3 レイアウトの流れ
> 有茎草と流木の森林

5　ソイルを足して流木の角度を調節する

ミクロソリウム・ベビーリーフ

角度を調節

⬆盛り土をして、矢印の向きに流木の角度を調節した。最後にミクロソリウム・ベビーリーフという水草を流木の間に配置した。

Q&A

水草が乾いてしまった！

レイアウトがなかなか決まらない、モスを巻き付けるのに時間がかかる…。そんなときは霧吹きを使って水草に水を吹きかけても、冬場のように乾燥した時期だとすぐに乾いてしまう。その場合、キッチンペーパーなどを濡らして、写真のように上から被せておくと、せっかく巻いた水草を乾かさずに済む。水草のコンディションを良好に保つことも、きれいなレイアウト作りには重要だ。

POINT 2 ～背の高い60㎝水槽～ 水草の植え方

　メタルハライドランプは蛍光灯に比べ影ができやすいため、光が当たりにくい箇所にはクリプトコリネなどの光量が少なくても育ちやすい水草を植える。

　全体的にソイル向きで育成のしやすい水草でまとめていて、前景草は丈夫なアフリカン・チェーンソードなどを植えている。

1 ラージ・パールグラスを植える

↑ラージ・パールグラスを束にして植える。5～8本くらいを一束にする。

2 流木の根元に植えた中景草

↑左側の流木の根元付近。ラージ・パールグラス、ブリクサ・ショートリーフは光の当たる場所に植え、流木の影となる部分にはクリプトコリネやハイグロフィラを植える。

3 クリプトコリネを植える

↑中景草として植えたクリプトコリネ。前景と中景の間でポイントとなる水草。細かく株分けして植える。

↑根をつまんでそのまま下に植えていく。葉が細く繊細なクリプトコリネだが植え方は基本的に同じだ。

3 レイアウトの流れ
有茎草と流木の森林

4 主な水草の種類とレイアウト図

ラージリーフハイグロフィラ 
葉の大きな水草。あまり光の当たらないところに植えて中景草に。

ブリクサ・アウベルティー ➡ P139 
線状の水草。後景のアクセントに。

オランダプラント 
後景のアクセントに。

ミリオフィラム・マットグロッセンセグリーン ➡ P135 
縦によく伸びる後景草。後景の中心に。

ミクロソリウム・ベビーリーフ 
流木の間にはさむ。珍しい水草。

ロタラ・ナンセアン ➡ P133 
細かな葉を持つ後景草。

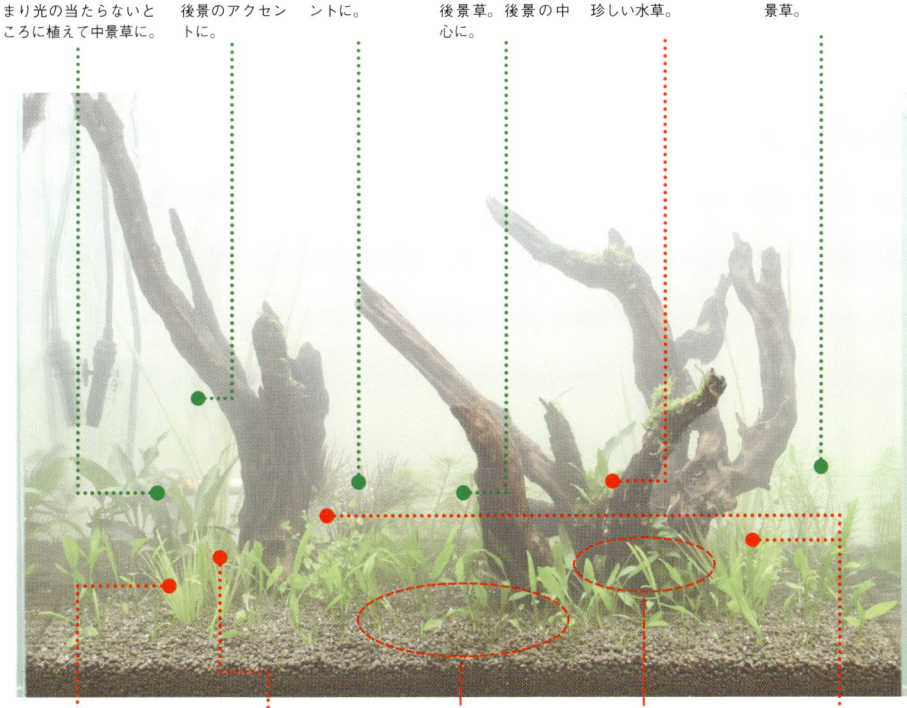

ブリクサ・ショートリーフ ➡ P122
中景草の定番種。流木の根元近くに。

クリプトコリネ・ウンデュラータグリーン ➡ P126
葉の大きいクリプトコリネ。光量の少ない流木の根元でもよく育つ。

アフリカン・チェーンソード ➡ P119
前景草として。ランナーを伸ばし繁茂していく。

クリプトコリネ・バルバ ➡ P126
葉の小振りなクリプトコリネ。前景と中景の繋ぎ役。

ラージ・パールグラス ➡ P127
中景草として2ヶ所に植えた。密生して植えると美しい。

83

POINT 3 〜背の高い60cm水槽〜
器具や魚の選び方

　高さが36cmの60cm規格水槽と比べて9cm高くなり、水量も増えたので、高さに合わせた照明選びと、水量に合わせたフィルター選びが重要だ。

　水草が繁茂すると森のようになるので、隠れてしまうような臆病な魚よりも、前面に出てきて泳いでくれるネオンテトラの仲間や、エンゼルフィッシュのようにゆったりと泳いでくれる魚を選ぶとよい。

1 照明設備

⬇︎メタルハライドランプは吊り下げ式のものが多いので、専用のスタンドなどが必要になる。水面から照明までの距離は30cm前後にするとよい。

30cm

2 水槽サイズに合う魚

⬆︎体高のあるエンゼルフィッシュは背の高い水槽で優雅に泳ぐ姿がよく似合う。

Q&A
高水温になってしまった！

　照明を多く使い多光量の状態にすると、光の熱で水温が予期せぬ温度まで上がってしまうことがある。蛍光灯でも起こることだが、メタルハライドランプを使用すると特に水温が上昇しやすい。水槽用のファンやクーラーなども売っているが、水量の多い水槽や複数の水槽を設置した部屋ではエアコンのクーラーを使う方が楽で安上がり、ということもある。

POINT 4	~背の高い60cm水槽~	3 レイアウトの流れ
	水景 before, after	有茎草と流木の森林

before

　背の高い水槽のため、水草を植えた直後だと寂しい印象を受ける。流木だけが目立っている状態だが、水草が成長すれば流木は隠れてしまう。水草を植えた直後は、流木や石などが「少し大きすぎるかな」と感じるくらいの方が、結果として美しいレイアウトになりやすい。

after 約3ヶ月後

　全体的にボリュームが増し、後景も水面付近まで水草が繁茂している。ラージ・パールグラスの丸い葉から、柔らかで暖かみのある印象を受ける。流木の配置や水草のトリミングにより、凸凹感が出てくるようなレイアウトになっている。トリミングによって「森」の形を作ることが水景維持のポイント。

レイアウト素材②…石

　石は種類によっては水の硬度を変えてしまうものもある。水草によっては硬度の影響でうまく育成できないこともある。採集場所や、種類によって、水質に与える影響も度合いも異なるので注意しよう。

　ここでは表面や色が異なるもので4タイプの石を紹介する。これらは販売されている店によって、似ているものでも商品名が異なったりするが、基本的には同じ石であることが多い。

昇龍石（しょうりゅうせき）

　寒色系の石で水草の緑によく合うため、石組みレイアウト水槽で使われることが多い。水で洗うと表面の印象が大きく変わることがある。レイアウトで使う際にはそれぞれの表面に統一感があるように選ぼう。

　また、飼育水の硬度を上げることがあるので、入れすぎには注意しよう。

この素材を使ったレイアウト
➡ P4, P8, P10, P98, P106

⬅個体によっては石の表面に白い線が入る。長い間水につけておくと表面が薄く溶けてこの線がよりはっきりと出ることもある。

気孔石（きこうせき）

　ゴツゴツとした岩のような石で、表面には穴が空いていることが多い。黄色がかったものや、赤茶色のものがある。全体的に先がとがっていたりするものが多い。

　水中では色が変わるので、レイアウトで使用する前に濡らして確認しておくとよい。昇龍石や木化石と比べると水質に影響を与えない。

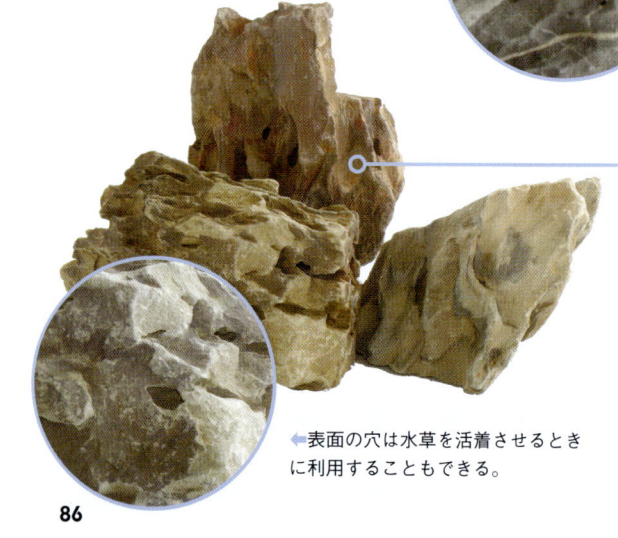

⬅表面の穴は水草を活着させるときに利用することもできる。

この素材を使ったレイアウト
➡ P68

木化石
もっかせき

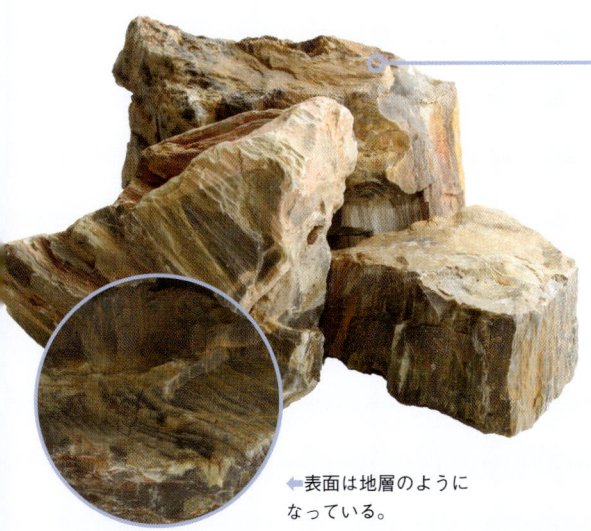

　赤茶や黄色の表面にやや黒ずんだ層が入り込んだ色合いで地層のようになっている。四角形や円柱に近い形をした石が多く、複数横に並べると岸壁のようになる。石のサイズのバリエーションはあまり多くない。

　硬度を上げることがあるので、導入する際は注意しよう。

この素材を使ったレイアウト
➡ P60

←表面は地層のようになっている。

溶岩石
ようがんせき

　表面は小さな穴が空いていて、他の石と比べるとサイズは小さく、重さも軽め。赤茶色のものが多く、そのままレイアウト素材として使うことはあまりない。

　リシアやモスなどの水草を巻き付けて使用することが多い。

この素材を使ったレイアウト
➡ P52,P88

←表面はザラザラとしている。

構図を学ぼう…凸型構図、凹型構図

参考レイアウト ➡ P98

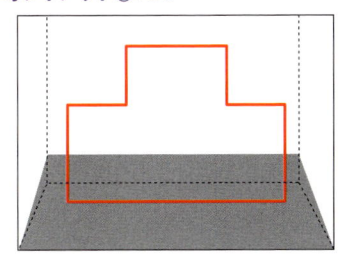

参考レイアウト ➡ P8,P10,P88

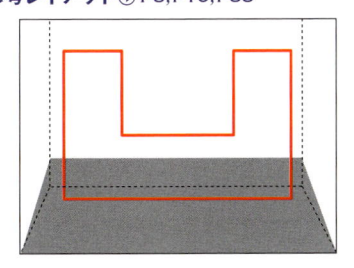

↑凸型構図は後景草のトリミングの仕方などの際に意識するとよい。凸型構図でレイアウトを組む際は、素材や水草が中心に集まりすぎないように、重心をやや左右にふるとよい。

↑凹型構図を使用する際は、左右対称になりすぎないように注意するとよい。背の高くなる後景草を左右の奥に植えて、トリミングもしっかりと構図を意識することが重要だ。

LAYOUT 8 化粧砂を使ったレイアウト
枝流木と有茎草の茂み

溶岩石で仕切りを作り、白い化粧砂で道を演出した。

　凹型の構図で水草を植え、中央に白い化粧砂を敷いて道を作って45cmという広い奥行きを活かしたレイアウト。道に向かってせり出すように配置された枝流木と、右サイドのロタラとパールグラスの茂みが目をひく。

　このサイズの水槽で全ての水草に十分な光量を与えるには、照明が複数台必要になる。また水量は100ℓを超えるため、フィルターもしっかりしたものを選びたい。

　広々とした空間を舞うように泳ぐニューギニアレインボーや、あちこちを軽快に泳ぐドワーフボーシャなど、多種多様な魚が泳ぐ水槽となった。

　化粧砂を使った水槽はきれいに維持することが大変だが、それに見合った美しさがある。化粧砂とソイルが混ざらないような土台の作り方や、奥行きのある水槽でのレイアウトの仕方などを参考にしたい。

3	レイアウトの流れ
	枝流木と有茎草の茂み

清涼感のある白い化粧砂
◉ POINT!

↑白い化粧砂が目を惹く。使用した化粧砂はサラサラした軽い砂で、粒はとても細かい。

↑美しいラインを描いて繁茂するグリーン・ロタラ。その後ろにはバリスネリア・ナナやロタラ・インジカが水面にたなびくように伸びている。

SIZE 60 cm

PANORAMIC VIEW 水槽の全景とデータ AQUARIUM DATA

水槽／60×45×45（cm）
水温、pH／26℃、7.2
底砂／ソイル12ℓ、パワーサンドM 2ℓ（ADA）、エクストラホワイトサンド4kg（ビバリア）
フィルター／クラシックフィルター2217（エーハイム）
CO₂／1秒1滴（ミキサー式）
照明／8時間点灯　インバータライト60（テクニカ）×3台

水草／ハイグロフィラ・ロザエネルビス、バリスネリア・ナナ、アポノゲトン・リギディフォリウス、ロタラ・インジカ、グリーン・ロタラ、パールグラス、ボルビディス・ヒュディロティ、エキノドルス・テネルス、南米ウィローモス、ヘアーグラス、キューピーアマゾン
生体／ニューギニアレインボー、ドワーフボーシャ、スカーレットジェム、ブルーアイゴールデンプッシープレコ

POINT 1

～奥行きのある60㎝水槽～
水槽の土台作り①

水槽の左右の奥にソイルを敷き、中央には白砂を敷いて道を演出した。白砂はきれいに維持するのが大変だが、清涼感がありとても美しい。仕切りを作って底砂を区分けする土台の作り方を学んでいこう。

1 仕切りを作る

↑画用紙を切ったものを使って仕切りを作る。立てた画用紙はテープなどで固定する。

2 パワーサンドを入れる

↑左右のスペースにパワーサンドと肥料、コケ抑止剤（写真右下）を入れる。

3 化粧砂を入れる

4 ソイルを入れる

↑白砂を中心のスペースに入れる。白砂より先にソイルを左右に入れてしまうと、仕切りが壊れて混ざってしまうことがあるので注意しよう。白砂を入れたら奥が高くなるように手でならす。

↑ソイルを左右のスペースに入れたら、仕切りの紙をはずす。ソイルと化粧砂の境界は、高さを揃えよう。高さが違うと、低い方に向かって崩れてしまう。

レイアウトの流れ
3 枝流木と有茎草の茂み

～奥行きのある60㎝水槽～
水槽の土台作り②

　ソイルと白砂を入れ終わったら、次は流木と石を配置しよう。奥行きが45cmと広い水槽なので、最終的にソイル部分はかなり高く盛られているのが分かる。流木を大きく見せるための工夫や、奥行きのある水槽での空間の演出方法を学ぼう。

5 流木の配置

⬆流木を配置する。左側の大きな流木は、2つの流木を組み合わせたもの。水槽の大きさに合わせて、メインとなる流木を大きく見せる工夫をしている。

3 レイアウトの流れ
枝流木と有茎草の茂み

6 溶岩石の配置

7 盛り土をする

↑溶岩石をソイルと白砂の境界に配置していく。いくつかの溶岩石には、テグスを使って、モスを巻き付けた。

↑ソイルを左右のスペースに足して、手でならす。

93

POINT 2 　～奥行きのある60㎝水槽～
水草の植え方

　水槽の広さを活かして様々な種類の水草を植えていく。このように種類を多く植える場合は、それぞれをある程度まとめて植えることで、水草を区分けすることができる。植えていく水草の量や間隔など、写真を見て参考にしよう。

1 アポノゲトンの処理

⇧アポノゲトン・リギディフォリウスは植える前に古い葉を取り除いてやるとよい。右側の写真のように、中心から生えている数枚の葉だけ残す。

2 後景草を植える

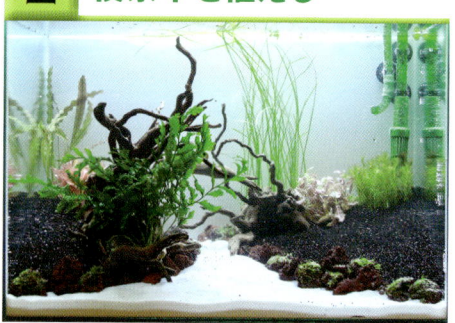

⇧後景草から順に植えていく。ロタラ・インジカやバリスネリアなど後景草だけで5種類を使用している。

3 中景草を植える

⇧パールグラスやグリーン・ロタラなど、群生しやすい水草を中景～後景に植える。植える段階である程度まとまった束にしておく。

4 前景草を植える

⇧エキノドルスの仲間やヘアーグラスなどの前景草を植えた。たくさんの種類を植えることで自然感が増す。

3 レイアウトの流れ
枝流木と有茎草の茂み

5 主な水草の種類とレイアウト図

ボルビディス・ヒュディロティ ▶P128 
葉に透明感がある。流木の根元でアクセントに。

アポノゲトン・リギディフォリウス 
大きな葉を持つ後景草。

ロタラ・マクランドラ ▶P134 
葉の赤い後景草。

バリスネリア・ナナ ▶P139 
線状の後景草。水面まで伸びて、たなびく様子が美しい。

ハイグロフィラ・ロザエネルビス ▶P127 
赤系の水草。中景のアクセントに。

グリーン・ロタラ ▶P132 
茂みを作り、後景に。

ロタラ・インジカ ▶P132 
グリーン・ロタラの後ろに伸びる後景草として。

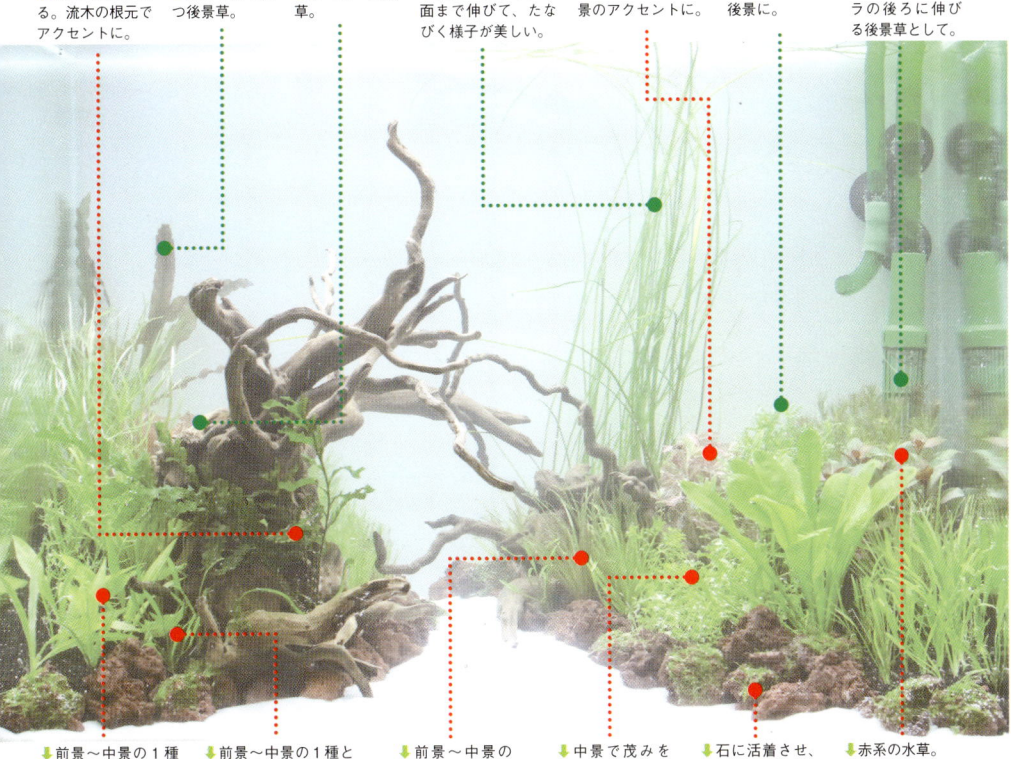

↓前景～中景の1種として。
エキノドルス・グリセバキー 

↓前景～中景の1種として。ランナーで増える。 
エキノドルス・テネルス

↓前景～中景の1種として。 
ブリクサ・ショートリーフ ▶P118

↓中景で茂みを作る。 
パールグラス ▶P122

↓石に活着させ、自然感を演出。 
南米ウィローモス（溶岩石付き） ▶P127

↓赤系の水草。中景草として。 
ルドヴィジア・トリコロール ▶P130

95

POINT 3 ～奥行きのある60cm水槽～
器具や魚の選び方

　広い水槽サイズなので、水草全体に十分な光量を与えるためには照明が複数台必要になってくる。また、飼育水全体に効率よくCO_2を溶け込ませるため、ミキサー式のCO_2拡散器具を使った。

　たくさんの水草を植えた色鮮やかなレイアウトになっているので、選ぶ魚は色や形でなく動きに注目して、賑やかな魚を選ぼう。

↑ ブルーアイゴールデンブッシープレコは積極的に動き回ってコケを食べる。

1 CO_2設備（ミキサー式）

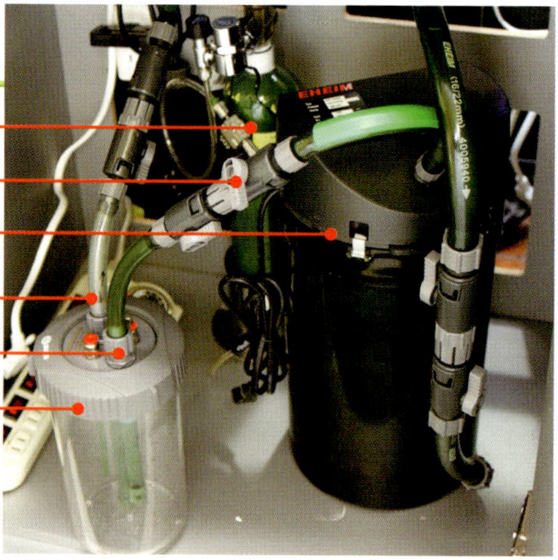

- 大型CO_2ボンベ
- 外部フィルター排水側
- 外部フィルター本体
- CO_2ミキサー排水側
- CO_2ミキサー給水側
- CO_2ミキサー本体

➡ CO_2ミキサーを使用すると、効率よくCO_2が水に溶け込む。大型ボンベは入手方法が限られるものの、小型ボンベに比べてランニングコストが安上がりだ。

2 水景に合う魚

↑ ドワーフボーシャ（上）は水槽の下層で泳いだり、ふらふらと中層に上がって木の上にいたり、色々な習性を見せてくれる。ニューギニアレインボー（右）は長いヒレを伸ばして踊るように泳いで水槽内を華やかにしてくれる。

POINT 4 〜奥行きのある60cm水槽〜
水景 before, after

レイアウトの流れ ③ 枝流木と有茎草の茂み

before

植えたばかりなので後景草と中景草に高さの違いがない。ロタラやパールグラスは成長が早いのでトリミングを多く行い、森のように群生させよう。植えた状態では目立ってしまっている右手前のキューピー・アマゾンソードはあまり大きくならない水草だ。

after 約3ヶ月後

ロタラやパールグラスは成長してきたらトリミングをして、手前を短く切ると奥が高いように見え、写真のようにきれいに仕上がる。前景にはヘアーグラスやエキノドルスなど、複数種類を組み合わせて植えたので自然な雰囲気が表現できている。

LAYOUT 9
遊泳力のある魚と幅広の水槽
深みのある水草レイアウト

石と流木と水草と魚、バランスのとれたレイアウト。

　後景に植えた有茎草を凸型に繁茂させて、中央にボリュームを持たせたレイアウト。流木は放射状に配置され、石は前景草の間から姿がのぞくように、まばらに置かれた。大きく育ったクリプトコリネが中景でポイントとなり、全体を渋く、深みのある落ち着いた水景にしている。

　横幅90cmのこの水槽では、水量が150ℓを超えるため、外部式フィルターを2台使用している。これによって水流のムラがなくなり、ろ過能力も向上した。

　レッドラインートーピードバルブなどの遊泳力のある魚を中心に、コイ科の魚を多く入れた。形や大きさ、色の違う魚たちが、幅広な水槽を泳ぎ回っている姿は見ていて飽きない。

　両サイドのスペースが水草で覆われないようにトリミング時に気をつかい、凸型の構図を維持することで美しい水景を保つことができる。

POINT! 大きく成長したクリプトコリネ

③ レイアウトの流れ
深みのある水草レイアウト

↑水槽の左側面。後景草に葉や茎の細い水草が多く植栽されているので、葉の大きなクリプトコリネが中景でポイントになる。前景草にベトナムゴマノハグサを選択。成長の早い水草なので、マメなトリミングが必須。

SIZE 90 cm

PANORAMIC VIEW 水槽の全景とデータ AQUARIUM DATA

水槽／90×45×45（cm）
水温、pH／26℃、6.5
底砂／アクアソイル・アマゾニア 27ℓ（ADA）、パワーサンドM 6ℓ（ADA）
フィルター／スーパージェットフィルター ES-1200EX（ADA）、クラシックフィルター 2215（エーハイム）
CO_2／1秒1滴（ミキサー式）
照明／8時間点灯　インバーターライト 90（テクニカ）、クリスタルインバーター 900（ジェックス）
水草／アンブレラプラント、ルドヴィジア・ブレビペス、クリプトコリネ・ウンデュラータグリーン、クリプトコリネ・ウンデュラータレッド、ポタモゲドン・ガイー、ベトナムゴマノハグサ
生体／レッドラインドトーピードバルブ、プンティウス・ロンボオケラートゥス、ラスボラ・エスペイ

POINT 1 　〜上級者向け90㎝水槽〜
水槽の土台作り

　90㎝という大きなサイズの水槽でも、底砂の敷き方などは基本的に他の水槽と変わらない。形状が直線的ではなく、枝分かれしていて、枝先の形が尖っている流木は放射状レイアウトで使いやすい。

⬆写真左から、パワーサンド、ソイル（薄く）、肥料の順に底砂などを入れる。その後、ソイルを足して土台を作っていく。90㎝水槽ともなると使う底砂の量も多くなる。この水槽ではパワーサンドを6ℓ、ソイルを27ℓ使った。

後景草を植えるスペースを
計算しながらレイアウトする

　後方から前方へと張り出すように流木を放射状に立てて、石は多めに配置した。流木の配置を決めるときは、水草を植えるエリアをイメージしておくとよい。流木によって水草をエリア分けすることで、レイアウトにメリハリをつけることが可能となる。

　位置が決まったら流木が浮いたり倒れてしまったりしないように、石で支えるとよい。最終的には盛り土をして固定しよう。

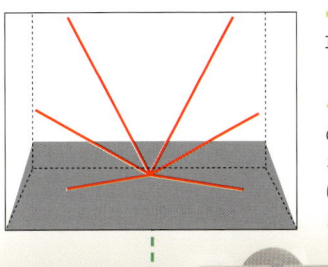

➡︎○のスペースに後景草を植える。

⬅︎放射状の構図。流木の角度が完全に平行になることがないように、少しずつ角度を変えるとよい。

3 レイアウトの流れ
深みのある水草レイアウト

POINT 2 ～上級者向け 90㎝水槽～
水草の植え方

　前景草として使用したベトナムゴマノハグサは、育成の仕方によって葉の伸びていく方向が変わる。中景〜後景に落ち着いた雰囲気の水草が多い中で、明るい緑の葉を持った水草だ。

1 ベトナムゴマノハグサを植える

⬆前景草にはベトナムゴマノハグサを使う。植えるときは一本ずつ植える。また、葉が溶けてしまっていることもあるので、よく選定をしてから植えよう。

2 クリプトコリネの処理

⬆ポットから取り出したら、まずはウールマットを取りはずす。その際に水を流したまま根の向きに沿ってはずしていくと、きれいに処理できる。

3 2種類のクリプトコリネを植える

⬆中景に植えるクリプトコリネは株分けをせず、そのまま植える。うまく育成するとかなり大きく育ち、レイアウトのポイントとなってくれる。植える際は根の下の方をつかみ、ねじり込むようにして植える。

レイアウトの流れ ③ 深みのある水草レイアウト

4 水草の種類とレイアウト図

ポタモゲドン・ガイー → P122
↑テープ状の水草。脇役として。

アンブレラプラント → P138
↑細い線状の水草。一番後ろから伸びてくる。

ロタラ・マクランドラ → P134
↑ルドヴィジア・ブレビペスに植え替えられた。赤系の後景草。この段階では石に隠れて見えていない。

ロタラ・ワリッキー → P132

ラージ・パールグラス → P127
↑丸い葉を持つ有茎草。中景〜後景に。

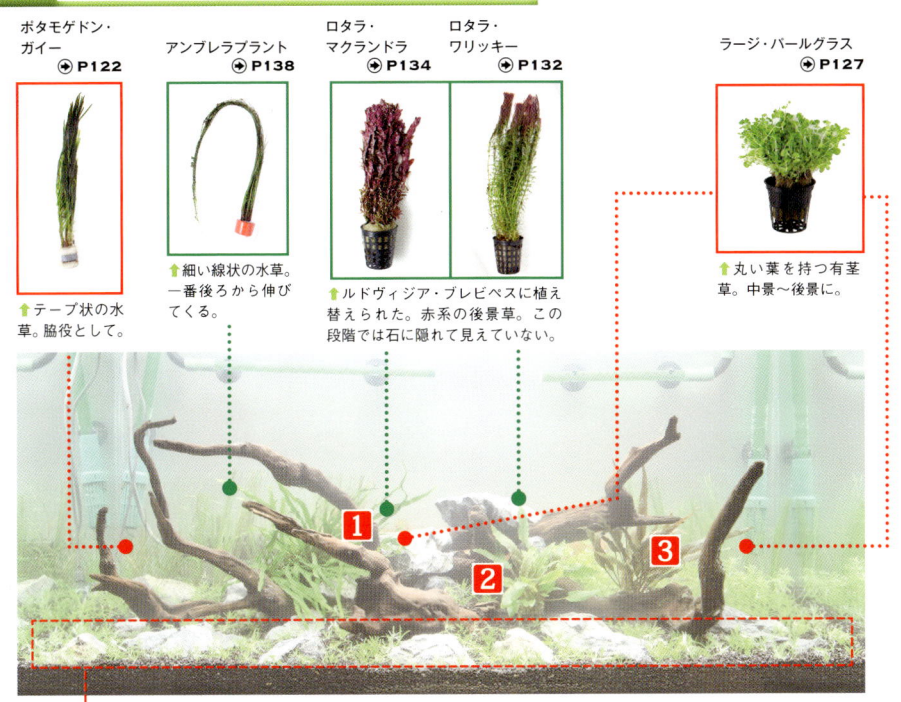

↓強光の場合横に伸びる。前景草として。

ベトナムゴマノハグサ → P120

→流木に活着する水草。大きくなったクリプトコリネの影でもよく育つ。

① ミクロソリウム・ナローリーフ → P128

↓大型になるクリプトコリネ。葉も大きい。

② クリプトコリネ・ウンデュラータグリーン → P126

↓赤茶色の葉を持つ。中景に植えた。

③ クリプトコリネ・ウンデュラータレッド

5 上方から見た図

後景草は有茎草をメインに、背が高くなる水草を選択。中景草には定番のミクロソリウムやクリプトコリネを。そして前景草として、比較的珍しいベトナムゴマノハグサを使用した。高光量の環境では横へと伸びるので前景草としても使用が可能だ。

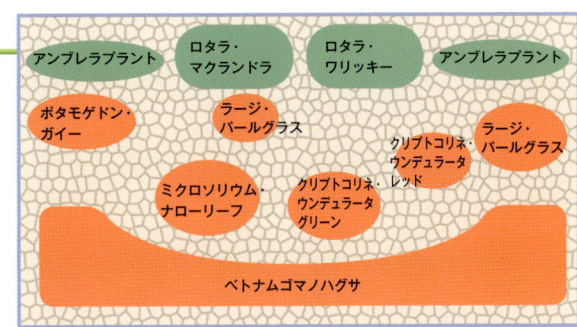

（図：アンブレラプラント／ロタラ・マクランドラ／ロタラ・ワリッキー／アンブレラプラント／ポタモゲドン・ガイー／ラージ・パールグラス／クリプトコリネ・ウンデュラータ・レッド／ラージ・パールグラス／ミクロソリウム・ナローリーフ／クリプトコリネ・ウンデュラータグリーン／ベトナムゴマノハグサ）

POINT 3 〜上級者向け 90cm水槽〜
器具や魚の選び方

　横幅90cmサイズの水槽では、150Wのメタルハライドランプ1台だと両サイドがやや暗くなってしまう。2台だと今度は光量過多になってしまう。また、メタルハライドランプの光よりも蛍光灯の方が水草が柔らかく育つ。こういった理由でメタルハライドランプではなく蛍光灯を選択した。

　大きめの水槽なので、魚はよく泳ぐ種類を入れるとよいだろう。

1 照明設備

⬆ ライトには2灯式ライト2台で、合計で4灯を使用している。これによって水槽全体に光が行き渡る。

2 フィルターとCO_2設備

⬆ CO_2ミキサーを片方のフィルターに接続している。2台のフィルターにはどちらもリング状ろ材のみを入れている。写真右下の器具はエアーポンプだ。

3 幅が広い水槽をよく泳ぐ魚

⬆ プンティウス・ロンボオケラートゥス（上）や、レッドラインドトーピードバルブ（右）はコイ科の魚だ。遊泳力が高いので、水槽から飛び出さないようにガラス蓋などでしっかりと対策をしよう。

POINT 4	~上級者向け 90cm水槽~

3 レイアウトの流れ
深みのある水草レイアウト

水景 before, after

before

後景草は流木や石に隠れていて、前景草はまばらな状態。植栽直後と完成形との違いは大きい。そのため、完成形の構図をイメージしつつ植栽しなくてはいけない。水草が繁茂してきたら、トリミングと差し戻しで、形を整えボリュームアップを図ることが美しいレイアウトには必須だ。

after 約3ヶ月後

後景草のロタラをルドヴィジア・ブレビペスに植え替えた。凸型になるようにトリミングをして後景草のラインを作った。クリプトコリネは大きく成長し、ベトナムゴマノハグサが前景を覆った。クリプトコリネを1種追加し、ラージ・パールグラスはグリーン・ロタラに植え替えた。

LAYOUT 10

上級者向け120cm水槽
大迫力の大型水槽レイアウト

大きな水槽を活かした素材と、適切な器具を選ぼう。

　横幅120cmサイズの大きな水槽のレイアウトでは、流木や石などの素材も大型のものを使用する。大きな流木や石を左側によせて配置することで、レイアウトの重心を左側に置いた。水草も同様に、背の高くなる有茎草や、大型の葉を持つ種を左側に植えている。

　水量が250ℓを超える水槽なので、フィルターは流量や容量が大きいものを選ぼう。また、高さが50cm以上ある水槽では、育成に十分な光が前景草まで行き渡らないこともある。メタルハライドランプなどを使用することで前景草にもしっかりと光が届く環境を整えたい。

　中に入れる魚は、ラミーノーズテトラやグリーンネオンテトラ、エンゼルフィッシュなどを選んだ。それぞれ形や色が違う魚をそろえて、自然界の雰囲気をより引き立てている。

　水草の成長速度は種類ごとに異なるので、トリミングのタイミングを見極めることが美しいレイアウトに育て上げ維持するポイントだ。

SIZE
120 cm

PANORAMIC VIEW
水槽の全景とデータ
AQUARIUM DATA

水槽／120×45×60（cm）
水温、pH／26℃、6.4
底砂／アクアソイル・アマゾニア 54ℓ（ADA）、パワーサンド 8ℓ（ADA）
フィルター／スーパージェットフィルター ES-1200EX、エーハイムプロフェッショナル 2080
CO_2／1秒2滴（ミキサー式）
照明／グランドソーラーI（ADA）×2台
水草／アポノゲトン・ボイビニアヌス、ルドヴィジア・ブレビペス、ニードルリーフ・ルドヴィジア、グリーン・ロタラ、クリプトコリネ・ウェンティー グリーン、ブリクサ・ショートリーフ、グロッソスティグマ、ベトナムゴマノハグサ、ニムファ・ミクランサ
生体／ラミーノーズテトラ、グリーンネオンテトラ、エンゼルフィッシュ、アピストグラマ・トリファスキアータ

POINT 1 　〜上級者向け 120cm水槽〜
水槽の土台作り

事前に構想を練っておこう

　底砂を敷き終えたら、いよいよレイアウト作業のスタート。流木や石を使って、まずはレイアウトの骨格を作ろう。流木や石の配置次第で水草の植え方は自ずと決まってくる。大きな水槽では悩んでも悩みすぎということはない。

　じっくり考えるのも美しいレイアウトを作るコツだといえる。

⬆まずは水槽の外でレイアウトを考える。石を支えにして流木を立てて、角度を想像する。

⬆ウィローモスなどは、配置する前に巻いておく。

⬆流木にミクロソリウムを活着させる。

3 レイアウトの流れ
大迫力の大型水槽レイアウト

1 ↑レイアウトが決まったら水槽に流木を入れていく。

2 ↑ソイルを足して、メインとなる流木に角度をつける。

3 ↑その他の流木を入れて、さらにソイルを足した。

4 ↑石を配置し、ソイルを足す。土台が完成した状態。

↑テグスを使って、ウィローモスを活着させる。

109

POINT 2 〜上級者向け 120cm水槽〜
水草の植え方

単調にならないように心がける

土台である流木と石とのコンビネーションを考えながら、植える水草と配置を考えよう。流木や石によって前・中・後景のエリアを作って、各所に見所を作っておくと、飽きのこない水景が仕上がる。

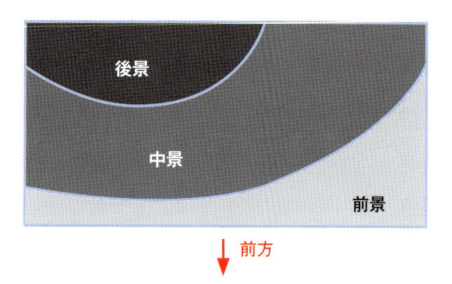

↓前方

1 後景草（アポノゲトン、オランダプラントなど）を植える

↑存在感のあるアポノゲトン・ボイビニアヌスをセンタープラントとして最初に植える。そこを中心とすることで、他の水草を植える際にバランスをとりやすい。

1 根が球状になっているアポノゲトンの仲間は、ピンセットを使うより手で植える方が植えやすい。あまり深く植えすぎないよう、注意しよう。
2 オランダプラントは他の有茎草と同じようにやや深めに植える。先端の葉が潰れやすいので、下準備や植えるときには注意しよう。

3 レイアウトの流れ
大迫力の大型水槽レイアウト

2 中景草（ブリクサ、クリプトコリネなど）を植える

↑クリプトコリネのような強い光を必要としない水草を流木の影に植える。株分けして2～3種類を植えると自然感が増す。ブリクサは流木や石の影に植えると効果的だ。

→クリプトコリネは根の中程やや下をつまんで植える。

3 前景草（グロッソスティグマなど）を植える

↑前景草にはグロッソスティグマを使う。また、前景と中景の間にベトナムゴマノハグサを使用した。ホシクサ、ニムファなどはポイントとして○の位置に植えた。

1 根をつまむ	2 植える	3 ピンセットを抜く	4 はみ出した根をつまむ	5 植える	6 完成!

↑グロッソスティグマの植え方。このように植えていくと見た目もきれいだ。

4 主な水草の種類とレイアウト図

ツーテンプル ➡ P137
↑よく育つと葉が長く伸び、水面にたなびく。

クリプトコリネ・クリスパチュラ ➡ P140
↑テープ状のクリプトコリネ。ツーテンプルより細葉。

ミリオフィラム・マットグロッセンセ グリーン ➡ P135
↑細かい葉をもつ。成長が早く、茂みになる。

グリーン・ロタラ ➡ P132
↑後景の1種類として。よく伸び、茂みを作る。

オランダプラント
↑後景のアクセントとして。

1 ➡ 大きな葉を持つ。中景のアクセントとして。
サンタレン・ドワーフニムファ

2 ➡ 斑柄の丸い葉を持つ。中景のアクセントとして。
ニムファ・ミクランサ ➡ P143

➡ 前景草として前景全面に植えた。
グロッソスティグマ ➡ P118

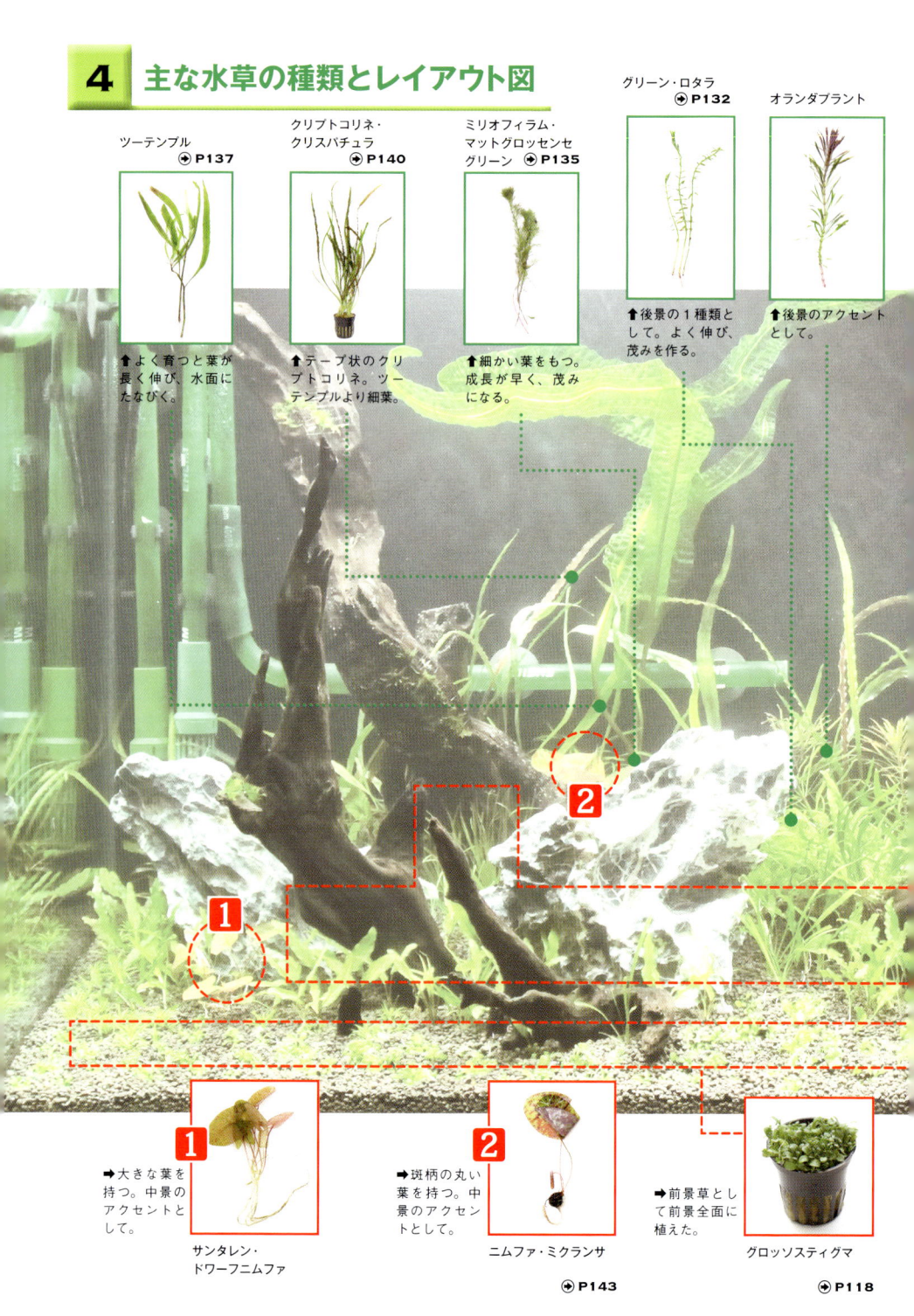

> **3** レイアウトの流れ
> 大迫力の大型水槽レイアウト

自然感の演出とポイントの作り方

1〜**3**のポイントにはそれぞれ葉の形が特殊な水草を使用した。こうしたポイントを三角構図で配置することで、後景草のラインと自然に調和する。

4の流木や石の隙間にはクリプトコリネやブリクサを植えた。クリプトコリネは3種類植えたことにより、自然感が増している。まとめて植える部分と、多種類を混ぜて植える部分をバランスよく作ることで、水景にメリハリがつく。

ベトナムゴマノハグサ
→P120

↑前景と中景の繋ぎに。グリーン・ロタラと葉が似ていて、一体感がある。前景の左端にも植えた。

4
3

クリプトコリネ・ウェンティーグリーン・ゲッコー
→P120

クリプトコリネ・ウェンティーグリーン
→P124

クリプトコリネ・ウンデュラータグリーン
→P126

ブリクサ・ショートリーフ
→P122

4

3
→中景のポイントとして。

ホシクサ sp.

113

POINT 3 ～上級者向け 120㎝水槽～
器具や魚の選び方

　横幅120㎝で、高さも60㎝あるので、深さと広さに対応できるような照明を選びたい。また、水量も多いので90㎝水槽のときと同様に、フィルターは2台使用した。

　飼育する魚の数が少なすぎると寂しい水景になってしまうので、バランスをみて色々なサイズの魚を入れるとよい。大きな水槽に小さな熱帯魚が群泳する姿はとても見栄えがよいので、群泳するような種類の魚を選ぼう。

1 照明設備

⬆メタルハライドランプと蛍光灯（2灯）の2つの光源をもつ照明を2台設置した。深さと広さのある水槽に適している。

2 排水パイプの配置

⬆水面が波立つように排水パイプを配置すると、メタルハライドランプの光が水中でゆらめいて、とても美しい。

3 水景に合う魚

⬆ラミーノーズテトラ（上）を群泳させた。また、エンゼルフィッシュ（右）などの大きめの魚も入れて、形や色が違う魚をバランスよく泳がせている。

> **POINT 4** 〜上級者向け 120㎝水槽〜
> # 水景 before, after

before

後景草は石や流木でほとんど隠れてしまっている。全てのレイアウトに共通することだが、水草が繁茂してからのトリミングラインをこの段階で想像できているかどうかが重要だ。

約3ヶ月後 after

石と流木の1つ1つが水草に埋もれてしまうことなく、存在感を出している。植えた段階では流木や石に隠れて見えていなかったミリオフィラムやグリーン・ロタラが見事に成長した。全体的に凸型に繁茂した水草は定期的なトリミングによって保たれている。土台と水草がしっかりとバランスよく調和しているため、美しい水景ができあがった。

AQUA COLUMN

熱帯魚の混泳について

混泳に注意する魚の組み合わせ

⚠️ 中〜大型シクリッド × 中〜大型プレコ

大型になるプレコと中〜大型シクリッド（エンゼルフィッシュやディスカスなど）を組み合わせると、まれにプレコがその魚の体に強い力で吸い付く。それが原因となって吸い付かれた魚が死んでしまうこともあるので注意しよう。小型のブッシープレコなどは混泳可能な場合もある。

⚠️ シクリッド × 小型エビ・小型魚

シクリッドに限らず、エビは多くの魚にとってごちそうなので、口に入るようなサイズならかんたんに捕食されてしまう。ミナミヌマエビやビーシュリンプは一緒の水槽には入れない方がよい。また、体長10mm前後の小型魚はディスカスなどには食べられてしまうことがある。エンゼルフィッシュは、小さい時期から混泳させておくと小型魚をエサと認識しないようになり混泳しても平気な場合がある。

⚠️ 混泳を注意した方がよい魚たち

1 アロワナなどの大型魚や古代魚は、口に入る魚は全て食べてしまう。
2 スマトラのように他魚のヒレをかじったり、追い回したりする魚もいる。
3 サイアミーズフライングフォックス（写真右）、アノマロクロミス・トーマシー（写真左）、アルジイーター、クラウンローチなどはいずれもコケ取りや巻き貝対策を期待して飼育されることが多い魚種だが、成魚になるとそれなりに大きくなり気が荒くなる一面もある。

水草カタログと熱帯魚の紹介

chapter 4　Plants Catalog & Fish

水草の育成方法や、水草レイアウト水槽の中で映える魚たちの情報などを詳しくまとめた。実際の飼育や選択の際の参考にして欲しい。

水草カタログの見方

参考写真
専門店で販売されている状態に近いものを掲載した。

名前
水草の名前。育成が容易で、初心者にオススメのものにはアイコンをつけた。

アヌビアス・ナナ

光量 💡　　CO_2 🌿

成長速度／遅い　　水質／弱酸性～弱アルカリ性
育てやすさ／★★★★★　　参考価格／700～1000円

　ミクロソリウムと並んで丈夫な水草として知られている。ミクロソリウムと同様に CO_2 を添加せず弱い光でも、よく育つ。成長が遅いためコケに覆われることだけ気をつけたい。

この水草を使ったレイアウト ➡ P29, P79

光量と CO_2 添加量の目安
1～4の値で、アイコンの数が多いほど光量や CO_2 を必要とする。

- 💡 …………… 光量が少なくても育つ。
- 💡💡 …………… 高光量でなくても育成可能。
- 💡💡💡 …………… やや強めの光を必要とする
- 💡💡💡💡 …………… 強めの光を必要とする
- 🌿 …………… CO_2 添加なしでも育つ。
- 🌿🌿 …………… CO_2 添加があるとよく育つ。
- 🌿🌿🌿 …………… CO_2 添加なしだと育ちにくい。
- 🌿🌿🌿🌿 …………… CO_2 添加が必須。

水草データ
水草育成に役立つ情報を記した。育てやすさは★の数が多いほど容易（5段階）。参考価格は一般に販売されている最小単位の価格。季節や、産地などによりかなり変化することがある。本書で登場するレイアウトで使用されたものは、文末のページリンクを辿るとレイアウトでの使用例も参考にできる。

オススメ熱帯魚の紹介（レイアウト水槽にオススメ!!）
カタログに出てくる水草と比較的相性のよい熱帯魚や、レイアウト水槽にオススメの生体の紹介。

レイアウトですぐに使える！
前景に植える水草

グロッソスティグマ

光量　💡💡💡　CO_2　🔵🔵🔵
成長速度／やや早い　　水質／弱酸性〜中性
育てやすさ／★★　　　参考価格／500〜2000円

有茎草の一種だが、高光量とCO_2の添加で絨毯のように美しく繁茂するため、前景草として人気が高い。有茎草なので、こまめなトリミングをほどこすことがレイアウトを維持するコツだ。

この水草を使ったレイアウト ▶ P6,P45,P107

ヘアーグラス

光量　💡💡　CO_2　🔵🔵
成長速度／早い　　　　水質／弱酸性〜中性
育てやすさ／★★★　　参考価格／300〜500円

ランナーで繁殖する水草。大型化するものとあまり大型化しないものとがあるので、レイアウトに応じて使い分けたい。植える際は、数本ずつ根気よく植えてあげよう。

この水草を使ったレイアウト ▶ P6,P69,P89

エキノドルス・テネルス

光量　💡　CO_2　🔵
成長速度／早い　　　　水質／弱酸性〜弱アルカリ性
育てやすさ／★★★★　参考価格／500〜850円

最も小さなエキノドルス属の水草。ピグミーチェーンアマゾンとも。ランナーを伸ばし子株を増やしていく。比較的低光量でも育成が可能だが、弱光だと背が高くなりすぎることもある。

この水草を使ったレイアウト ▶ P8,P10,P79,P89

アフリカン・チェーンソード

光量 💡💡　CO_2 🗲🗲

成長速度／早い　　　　**水質**／弱酸性～弱アルカリ性
育てやすさ／★★★　　**参考価格**／500～700円

高さはテネルスの半分ほどの小さな水草。環境に応じて色を変えるテネルスと違い、常にライトグリーンの葉を展開する。固形肥料を底砂に追加してあげるとランナーの展開も早く繁茂しやすい。

この水草を使ったレイアウト ➡ P79

ピグミーチェーン・サジタリア

光量 💡💡　CO_2 🗲

成長速度／やや遅い　　**水質**／弱酸性～弱アルカリ性
育てやすさ／★★★★　**参考価格**／400～500円

サジタリアの小型種の1つ。ランナーを伸ばして増えていくので、あまりに増えすぎて根詰まりを起こした場合は、定期的に間引きしてやるとよい。固形肥料の添加が有効。

前景草の辺りを泳ぐ生き物

レイアウト水槽にオススメ!!

レッドビーシュリンプ ▶

分布／改良品種　　　　**飼いやすさ**／★★★
全長／2cm　　　　　　**参考価格**／600～20000円

突然変異したビーシュリンプ。それぞれの個体の模様によって値段が異なる。水質の変化に敏感なところがあるが、環境さえ整えれば繁殖も比較的容易だ。

この生き物が泳ぐレイアウト ➡ P53

◀ コリドラス・パンダ

分布／アマゾン川　　　**飼いやすさ**／★★★★
全長／4cm　　　　　　**参考価格**／500～800円

水槽の下層部を泳ぐコリドラスの仲間。複数で飼育すると群れを作ることもある。砂をほじくる習性があるため、目の細かい砂で飼育するとよい。

前景に植える水草

オーストラリアン・クローバー

光量 💡💡💡　CO₂ 🟢🟢🟢
成長速度／早い　　　水質／酸性〜中性
育てやすさ／★★★　参考価格／200〜500円

切れ込みの入った丸い葉が特徴。底砂への追肥、高光量、CO_2の添加といった条件を揃えると、ものすごい勢いでランナーを伸ばし繁茂する。光量が不足すると、横にではなく縦に伸びることも。

この水草を使ったレイアウト ➡ P37

ベトナムゴマノハグサ

光量 💡💡💡　CO₂ 🟢🟢🟢
成長速度／早い　　　水質／弱酸性〜中性
育てやすさ／★★★　参考価格／1000〜1500円

縦にも横にもよく成長し、レイアウト次第で前景にも中景にも使える。高光量とCO_2の添加が必要だが、比較的育成は簡単。養分の吸収がとても盛んなので、他の水草が栄養不足にならないようにしよう。

この水草を使ったレイアウト ➡ P99, P107

クリプトコリネ・ウェンティーグリーン・ゲッコー

光量 💡　CO₂ 🟢
成長速度／やや遅い　　水質／弱酸性〜弱アルカリ性
育てやすさ／★★★★　参考価格／700〜1000円

小型でライトグリーンの葉を持つ異色のクリプトコリネ。硬度のある環境を好むため新品のソイルより大磯砂などを使用すると育成は容易になる。CO_2の添加や高光量でなくても育つのも魅力。

この水草を使ったレイアウト ➡ P113

ミニ・マッシュルーム

光量 💡💡💡　CO₂ 🟢🟢
成長速度／やや遅い　　水質／弱酸性〜弱アルカリ性
育てやすさ／★★★　　参考価格／1000〜2000円

丸い葉がかわいらしい印象を与える水草。石や流木の根元を隠すよう植えることが多いので、中景草としても使える。ある程度の本数をまとめて植えてあげた方が成長を期待しやすい。底砂への追肥が有効。

ロベリア・カージナリス

光量 💡　　CO₂ 🔵🔵🔵
成長速度／やや遅い　　水質／弱酸性～弱アルカリ性
育てやすさ／★★★★　参考価格／700～1000円

初心者向けとして古くからレイアウトに使われている水草。水上葉は深い紫だが、水中葉が展開すると明るい緑色になる。背の低いものを前景に、背の高いものを中景に用いるとよい。

この水草を使ったレイアウト ➡ P61

アヌビアス・ナナ・プチ 🔰

光量 💡　　CO₂ 🔵
成長速度／遅い　　水質／弱酸性～弱アルカリ性
育てやすさ／★★★★★　参考価格／1200～1800円

アヌビアスの中で一番小さな種類。底砂に植えたり流木や石に活着させるなど様々なレイアウトに対応でき、育成も容易なので初心者向きの水草とされている。

この水草を使ったレイアウト ➡ P29

キューバ・パールグラス

光量 💡💡💡　　CO₂ 🔵🔵🔵
成長速度／やや遅い　　水質／弱酸性～弱アルカリ性
育てやすさ／★　　参考価格／500～2000円

とても小さな葉が密集した姿の美しい水草。比較的育成の難しい水草だが、高光量とCO₂の添加、定期的な肥料の追加を欠かさなければ、ゆっくりと成長してくれる。

この水草を使ったレイアウト ➡ P8

キューピーアマゾン 🔰

光量 💡💡　　CO₂ 🔵
成長速度／やや遅い　　水質／弱酸性～弱アルカリ性
育てやすさ／★★★★　参考価格／400～700円

前景に使いやすい小型のエキノドルス。CO_2を添加しなくてもよく育つ。根をしっかりと張るので、頻繁な植え替えは避けたい。底砂に追肥してあげるのが、育成のコツ。

この水草を使ったレイアウト ➡ P6,89

※価格はあくまで目安としてお考え下さい。

レイアウトですぐに使える！
中景に植える水草

ブリクサ・ショートリーフ

光量 💡💡　CO_2 🫧🫧🫧
成長速度／やや遅い　水質／弱酸性〜中性
育てやすさ／★★★　参考価格／800〜1200円

小型のブリクサ。自然界では浅い場所に生えているので強い光を必要とする。育成は比較的簡単だが、茎に傷がつくと枯れてしまうので、植える際は注意が必要。エビや貝による食害にも注意したい。

この水草を使ったレイアウト ▶ P4,P6,P8,P79,P95,P107

ポタモゲドン・ガイー

光量 💡💡💡　CO_2 🫧🫧🫧
成長速度／やや遅い　水質／弱酸性〜弱アルカリ性
育てやすさ／★★　参考価格／700〜900円

細い葉が下にカールするのが特徴。育成環境によって、緑から褐色まで変化する。液肥を好み、高水温にやや弱い面がある。高光量でCO_2の添加がある環境で育てるとよい。

この水草を使ったレイアウト ▶ P99

ロタラ・ヴェルデキラリス

光量 💡💡💡　CO_2 🫧🫧🫧
成長速度／やや遅い　水質／弱酸性〜中性
育てやすさ／★★★　参考価格／900〜1200円

細い葉が特徴のロタラ。直径が4cm以上になるため、少ない本数でも存在感がある。成長が遅いので、トリミングの手間は少ない。高光量と肥料を欠かさないようにしよう。

この水草を使ったレイアウト ▶ P37

トニナ sp.

光量 💡💡💡　CO_2 🔵🔵🔵
成長速度／やや遅い　　水質／弱酸性〜中性
育てやすさ／★★　　　参考価格／500〜700円

　ライトグリーンのカールした葉が特徴的な、南米産の水草。以前は育成の難しい水草とされていたが、ソイルを使用することで、比較的容易に育成することができるようになった。CO_2 は多めに添加しよう。

スターレンジ

光量 💡💡💡　CO_2 🔵🔵🔵
成長速度／やや遅い　　水質／酸性〜弱酸性
育てやすさ／★　　　　参考価格／500〜700円

　上から見ると星のような形をしていることが名前の由来。低pHかつ軟水を好むため、ソイルを使用して育成したい。肥料が足りなくなると葉が白化してしまうため、追肥は欠かさないようにしよう。

水槽中層部を泳ぐ熱帯魚

レイアウト水槽にオススメ!!

▶グッピーの仲間▶

分布／改良品種　　　飼いやすさ／★★★★★
全長／5cm　　　　　参考価格／1000〜2000円

　世界中の愛好家が、様々な美しい改良種を作り出している。育成そのもの難易度は低い。美しい姿を楽しむだけでなく繁殖や稚魚の育成も、グッピー飼育の醍醐味だ。

この魚が泳ぐレイアウト ➡ P29

◀ネオンテトラ▼

分布／ブラジル　　　飼いやすさ／★★★★★
全長／4cm　　　　　参考価格／150〜300円

　熱帯魚の代表種の1つ。丈夫で飼いやすく、混泳も問題ない。初心者向けの魚と思われがちだが繁殖は意外に難しく、マニアも十分に楽しめる奥深い種だ。

この魚が泳ぐレイアウト ➡ P61

中景に植える水草

アマゾンチドメグサ

光量 💡💡　CO₂ 🟢
成長速度／早い　　　　水質／弱酸性〜弱アルカリ性
育てやすさ／★★★★★　参考価格／400〜600円

水上葉は横へと伸びるが水中葉は縦に成長する。成長のスピードは早い。高光量やCO_2の添加も必要なく、育成は容易だ。養分をよく吸収するため、水槽内のコケ防止にも役立つ。

この水草を使ったレイアウト ➡ P6, P29

ウィステリア

光量 💡💡　CO₂ 🟢
成長速度／やや早い　　水質／弱酸性〜弱アルカリ性
育てやすさ／★★★★★　参考価格／400〜600円

春菊のような葉の形が特徴的な水草。とても丈夫で成長の早い水草なので、初心者向けの水草として知られている。栄養吸収も盛んなので、コケ防止にも有効。

この水草を使ったレイアウト ➡ P29

クリプトコリネ・ウェンティーグリーン

光量 💡　CO₂ 🟢
成長速度／やや遅い　　水質／弱酸性〜弱アルカリ性
育てやすさ／★★★★　参考価格／500〜800円

日本で最もポピュラーなクリプトコリネ。水上葉は溶けやすいので、軟水を使い温度変化に気をつけよう。高光量やCO_2の添加がなくても育つので、育成自体は容易だといえる。

この水草を使ったレイアウト ➡ P107

➡ 大型に成長したクリプトコリネは、レイアウトの中心的存在となる。

クリプトコリネ・ウェンティートロピカ

光量 💡　**CO₂** 🏷
成長速度／やや遅い　　**水質**／弱酸性～弱アルカリ性
育てやすさ／★★★　　**参考価格**／500～800円

茶褐色で凹凸のある葉が特徴。丈夫で育成は容易だが、大きくなりすぎることもあるため。レイアウトで使用する際は注意しよう。レイアウトのアクセントとして配置したい水草だ。

クリプトコリネ・ウェンティーリアルグリーン

光量 💡　**CO₂** 🏷
成長速度／やや遅い　　**水質**／弱酸性～弱アルカリ性
育てやすさ／★★★★　**参考価格**／700～1000円

クリプトコリネの中では、最も丈夫で初心者向けの種類。環境の急変を嫌うため、多量の水換えや頻繁な植え替えは避けよう。他のクリプトコリネ同様、カリや窒素系の肥料を与えるとよい。

この水草を使ったレイアウト ➡ P4, P29, P61

深い緑の葉に合う熱帯魚

ラスボラ・エスペイ▶

分布／タイ・インドネシア　　**飼いやすさ**／★★★★
全長／4cm　　**参考価格**／400～600円

鮮やかなオレンジと黒のコントラストが美しいコイの仲間。小さな魚だが丈夫で飼育もしやすい。ある程度まとまった数を飼育して群泳させると美しい。

この魚が泳ぐレイアウト ➡ P98

◀アピストグラマの仲間

分布／ブラジル　　**飼いやすさ**／★★★
全長／6cm　　**参考価格**／2000～10000円

小型のシクリッド。オスは鮮やかな体色と大きく伸びたヒレを持つ。繁殖が容易なのも魅力。縄張り意識が強いので、同種を1ペア以上飼育するのは避けた方がよい。

この魚が泳ぐレイアウト ➡ P69, P107

中景に植える水草

クリプトコリネ・ウンデュラータグリーン

光量 💡　　CO₂ 🔗
成長速度／やや遅い　　水質／弱酸性〜弱アルカリ性
育てやすさ／★★★★　　参考価格／700〜1200円

　環境によって深緑〜茶色と、様々な表情を見せてくれるクリプトコリネ。丈夫な水草なので、初心者でも導入しやすい。植えた際に葉が溶けても根が無事ならば新しい葉を展開してくれる。

この水草を使ったレイアウト ➡ P6,P10,P83,P99,P113

クリプトコリネ・パルバ

光量 💡　　CO₂ 🔗
成長速度／遅い　　水質／弱酸性〜弱アルカリ性
育てやすさ／★★★★　　参考価格／850〜1000円

　とても小さなスリランカ産のクリプトコリネ。丈夫さと成長の緩やかさが特徴なので、初心者が導入しても失敗は少ない。ギザギザの少ない葉が、他のクリプトコリネと比べ特徴的だ。

この水草を使ったレイアウト ➡ P10,P83

クリプトコリネ・ペッチー

光量 💡　　CO₂ 🔗
成長速度／やや遅い　　水質／弱酸性〜弱アルカリ性
育てやすさ／★★★　　参考価格／700〜1000円

　やや茶色がかった色と、細い葉が特徴的。CO_2を添加しなくても育つが、添加することでより美しく成長してくれる。流木や石の影に植えてもしっかりと育つ。

ウォーター・バコパ

光量 💡💡　　CO₂ 🔗
成長速度／やや遅い　　水質／弱酸性〜弱アルカリ性
育てやすさ／★★★★　　参考価格／500〜700円

　光に向かって直線的に伸びる水草。脇芽をあまり出さないので、レイアウトを作る際に計算しやすい。栄養状態によって、赤みのある美しい葉を展開する。育成も容易で初心者にもオススメだ。

パールグラス

光量 💡💡💡　**CO₂** 🌿🌿🌿
成長速度／早い　　**水質**／弱酸性〜弱アルカリ性
育てやすさ／★★★　**参考価格**／800〜2000円

　小さな葉が密に生える水草。環境が合えば光合成を盛んにし、大きな気泡を先端から出す。育成も容易で、トリミング後に差し戻すことで、ボリュームをどんどん増やしていくことができる。

この水草を使ったレイアウト ➡ P8,P45,P53,P89

ラージ・パールグラス

光量 💡💡💡　**CO₂** 🌿🌿🌿
成長速度／早い　　**水質**／弱酸性〜中性
育てやすさ／★★★　**参考価格**／1300〜2000円

　パールグラスと比べ葉が丸いのが特徴。成長スピードも早く、育成は容易。栄養吸収も盛んなのでコケ防止に役立つ。逆に、肥料を使い尽くしてしまうこともあるため追肥を欠かさないようにしよう。

この水草を使ったレイアウト ➡ P79,P103

ハイグロフィラ・ポリスペルマ

光量 💡💡　**CO₂** 🌿
成長速度／早い　　　**水質**／弱酸性〜弱アルカリ性
育てやすさ／★★★★★　**参考価格**／400〜700円

　古くから愛されている有茎草の代表種。水質にうるさくなく、高光量も CO_2 を添加する必要もないため、初心者にも人気がある。栄養の吸収も盛んなので、鉄分を補給してあげるとよい。

ハイグロフィラ・ロザエネルビス

光量 💡💡💡　**CO₂** 🌿
成長速度／早い　　**水質**／弱酸性〜弱アルカリ性
育てやすさ／★★★★　**参考価格**／750〜900円

　ハイグロフィラ・ポリスペルマの変種。ピンクの葉に白い葉脈が美しい。育成方法はポリスペルマと同じだが、CO_2 を添加すると、より鮮やかな色合いになる。

この水草を使ったレイアウト ➡ P89

流木や石に巻いて使用する水草

↑石や流木などで、光が当たらず影になる部分からでも成長してくれる。

ミクロソリウム・ナローリーフ

光量 💡　CO_2 🔗
成長速度／遅い　　　水質／弱酸性〜中性
育てやすさ／★★★★　参考価格／2000〜2500円

水草の中でも、特に丈夫なことで知られている。CO_2を添加せず少ない光量でも、問題なく成長する。流木や石に活着させることが多い。ただし水温が高いとシダ病になってしまうので注意しよう。

この水草を使ったレイアウト ➡ P8,P10,P103,P108

ミクロソリウム・ウェンディロフ

光量 💡　CO_2 🔗
成長速度／遅い　　　水質／弱酸性〜中性
育てやすさ／★★★　参考価格／2500〜3000円

ミクロソリウムの突然変異で、トロピカ社の社長ウェンディロフ氏の名前が付けられた。葉先が細かく分かれインパクトのある姿なので、レイアウトのポイントに使うと効果的。

この水草を使ったレイアウト ➡ P45

ボルビディス・ヒュディロティ

光量 💡　CO_2 🔗
成長速度／遅い　　　水質／弱酸性〜中性
育てやすさ／★★★　参考価格／2000〜2500円

深く切れ込みの入った葉と、透明感のある深い緑が美しいシダの仲間。光が弱くても育つので、流木の影などに配置できる。底砂に植えるより流木などに活着させた方がよく育つ。

この水草を使ったレイアウト ➡ P6,P89

4 水草カタログと熱帯魚の紹介
中景に植える水草

アヌビアス・ナナ

光量 💡　CO_2 🔋
成長速度／遅い　　　　水質／弱酸性〜弱アルカリ性
育てやすさ／★★★★★　参考価格／700〜1000円

　ミクロソリウムと並んで丈夫な水草として知られている。ミクロソリウムと同様に CO_2 を添加せず弱い光でも、よく育つ。成長が遅いためコケに覆われることだけ気をつけたい。

この水草を使ったレイアウト ➡ P29, P79

アヌビアス・ナナ・イエローハート

光量 💡　CO_2 🔋
成長速度／遅い　　　　水質／弱酸性〜弱アルカリ性
育てやすさ／★★★★★　参考価格／1500〜2000円

　アヌビアス・ナナに比べ、葉のサイズは1/2程度。同じく小型アヌビアスの、ナナ・プチに比べ、葉は細く黄緑色が強い。育成方法は、アヌビアス・ナナと同じで構わない。

この水草を使ったレイアウト ➡ P61

レイアウト水槽にオススメ!! 深い緑の葉に合う熱帯魚

ニューギニアレインボー ▶

分布／ニューギニア　　飼いやすさ／★★★★
全長／5cm　　　　　　参考価格／400〜800円

　長く伸びるヒレが特徴的なレインボーフィッシュの仲間。尻ビレはオレンジ色になる。飼育はそれほど難しくないが、口が小さいので人工飼料を細かくするなどの工夫をしよう。

この魚が泳ぐレイアウト ➡ P89

◀ プンティウス・ロンボオケラートゥス

分布／ボルネオ　　　　飼いやすさ／★★★★
全長／5cm　　　　　　参考価格／400〜800円

　ドーナッツ状の縞ができることが特徴のコイの仲間。同じプンティウスの仲間のスマトラは気の荒い魚だが、本種は穏やかな性格をしているので混泳にも向いているといえる。

この魚が泳ぐレイアウト ➡ P99

フレイムモス

ウォーターフェザー

南米ウィローモス

ウィローモス

コケ・モスの仲間

- 光量　💡💡
- CO_2　🫘
- 成長速度／やや早い
- 水質／弱酸性〜中性
- 育てやすさ／★★★★
- 参考価格／500〜1500円

活着性があるコケの仲間。流木や石に活着させてレイアウトのポイントに使ったり、エビや稚魚の隠れ家になったりと使い勝手のよい水草。中景に限定せず色々な場所に使える。

この水草を使ったレイアウト ➡ P4,P6,P10,P37,P45,P79,P89,P108

リシア

- 光量　💡💡💡
- CO_2　🫘🫘🫘🫘
- 成長速度／早い
- 水質／弱酸性〜中性
- 育てやすさ／★★
- 参考価格／500〜800円

浮きゴケの一種。ウィローモスなどと違い活着性はない。タイルに巻き付けて芝生のように配置するか、流木や石にテグスなどで巻き付けて使用する。レイアウトの前景〜中景で使用できる。

この水草を使ったレイアウト ➡ P53,P79

4 水草カタログと熱帯魚の紹介
中景に植える水草

飼育の容易な熱帯魚

レイアウト水槽にオススメ!!

プラティの仲間▶

分布／改良品種　　飼いやすさ／★★★★★
全長／5cm　　参考価格／100〜500円

改良を重ねた末、様々な種類が存在している。赤や白、ミッキーマウス柄など、自分好みの模様を探してみると面白いだろう。繁殖も飼育も容易な種なので人気がある。

この魚が泳ぐレイアウト ➡ P61

◀ゴールデンハニー・ドワーフグラミー

分布／改良品種　　飼いやすさ／★★★★★
全長／4cm　　参考価格／400〜800円

ヒレや目元が赤くなる、グラミーの仲間の改良種。オスとメスを飼育すれば繁殖も期待できる。成魚になってもあまり大きくならず、温和な魚なので混泳にも向いている。繁殖のときは水面に泡の巣を作る。

カージナルテトラ▶

分布／ブラジル　　飼いやすさ／★★★★★
全長／4cm　　参考価格／200〜300円

小型のカラシンの仲間。ネオンテトラと似ているが、本種は赤いラインが頭から尾まで続いている。ある程度の数を群泳させると、とても美しい。水質の急変だけに注意すれば、飼育は難しくない。

この魚が泳ぐレイアウト ➡ P79

◀エクエスペンシル

分布／ブラジル　　飼いやすさ／★★★★
全長／4cm　　参考価格／800〜1500円

体を斜めにして、ゆらゆらと上層を泳ぐペンシルフィッシュの仲間。ペンシルフィッシュの仲間にはコケを食べる種類もいるが、本種はコケを食べない。

この魚が泳ぐレイアウト ➡ P69

131

レイアウトですぐに使える!
後景に植える水草

↑グリーン・ロタラは密生させると美しい。トリミングや差し戻しにも強い種だ。

グリーン・ロタラ

光量 💡💡💡　CO₂ 🔵🔵🔵
成長速度／早い　　　水質／弱酸性～中性
育てやすさ／★★★　参考価格／900～1200円

　レイアウト水槽向けの水草として愛用されている。CO₂添加や強い光があるとよく育つ。水質にもうるさくないので初心者にも人気がある。高光量だと横へと匍匐するように成長することもある。

この水草を使ったレイアウト ➡ P89,P105,P107

ロタラ・インジカ

光量 💡💡💡　CO₂ 🔵🔵🔵
成長速度／早い　　　水質／弱酸性～弱アルカリ性
育てやすさ／★★★★　参考価格／400～1000円

　葉が赤く染まるロタラの仲間。光量とCO₂を十分に与えることで、ピンク色がきれいに発色する。レイアウトの中では密生させて後景草のポイントとして使用するとよい。

この水草を使ったレイアウト ➡ P29,P89

ロタラ・ワリッキー

光量 💡💡💡　CO₂ 🔵🔵🔵
成長速度／やや早い　水質／弱酸性～中性
育てやすさ／★★　　参考価格／800～1200円

　柔らかな葉と、先端が鮮やかな赤に染まる人気の水草。弱酸性の軟水で育成すると、急激に成長する。「リスのしっぽ」という名称で販売されていることも多い。

ロタラ・ナンセアン

光量 💡💡 CO_2 🔵🔵

成長速度／早い　　　水質／弱酸性〜中性
育てやすさ／★★★　参考価格／400〜700円

細かな葉が生える水草。密集させて植えると、ボリュームが出る。成長も早く肥料吸収も盛んなのでコケ防止にも役立つ。肥料不足になると葉が小さくなったり、まばらになるので注意しよう。

この水草を使ったレイアウト ➡ P4, P8, P45, P79

ロタラ・マクランドラグリーン

光量 💡💡💡 CO_2 🔵🔵🔵

成長速度／やや早い　水質／弱酸性〜中性
育てやすさ／★★★　参考価格／600〜800円

丸みのある葉の形がかわいらしく人気がある。光と肥料のバランス次第で、赤から緑へと色を変える。肥料が不足すると下葉が溶けたり半透明になってしまう。

この水草を使ったレイアウト ➡ P45

ゆったりと泳ぐ熱帯魚

レイアウト水槽にオススメ!!

ゴールデンバルーンラミレジィ ▶

分布／改良品種　　飼いやすさ／★★★★
全長／6cm　　　　参考価格／500〜800円

小型シクリッドのラミレジィの改良品種。丸くずんぐりした可愛らしい体型で、人気がある。シクリッドの中では気性の穏やかな方なので、混泳に向いている。

◀ エンゼルフィッシュの仲間

分布／ブラジル　　飼いやすさ／★★★
全長／12cm　　　　参考価格／300〜3000円

熱帯魚の代名詞といえるほど人気がある。成長すると大きくなるので、大きめの水槽で飼育したい。ヒレをかじるような魚種とは相性が悪く、気が荒い面もあるので混泳相手には注意しよう。

この魚が泳ぐレイアウト ➡ P4, P79, P107

後景に植える水草

ロタラ・マクランドラ

光量 🔆🔆🔆🔆　CO_2 💧💧💧

成長速度／やや遅い　　水質／弱酸性
育てやすさ／★★　　　参考価格／500～800円

水槽の環境次第で、ビビッドな赤になったり渋みのある色になったりする。硬度の低い水を好むのでソイルでの育成が向いている。レッドリーフ・バコパと呼ばれることも。

この水草を使ったレイアウト ➡ P95

ニードルリーフ・ルドヴィジア

光量 🔆🔆🔆　CO_2 💧💧

成長速度／やや早い　　水質／弱酸性～中性
育てやすさ／★★★　　参考価格／500～700円

赤く細かな葉が密に生える。ある程度の量をまとめて植えると見栄えがよい。高光量にCO_2添加、そして弱酸性の環境があればきれいに育つ。植える際に、いじけやすいので多めに購入するとよい。

この水草を使ったレイアウト ➡ P8,P53,P107

ルドヴィジア・ブレビペス

光量 🔆🔆🔆　CO_2 💧💧💧

成長速度／やや早い　　水質／弱酸性～中性
育てやすさ／★★★★　参考価格／500～700円

ニードルリーフと比べ葉の幅が広く、がっしりしたイメージの水草。丈夫なので水温が高くても溶けたりせず元気に育ってくれる。まっすぐ上にではなく、倒れ込むように成長するのも特徴。

この水草を使ったレイアウト ➡ P4,P99,P107

⬆ ルドヴィジア・ブレビペスの茂み。渋みのある赤がレイアウトのアクセントに。

ミリオフィラム・マットグロッセンセグリーン

光量 💡💡💡　CO₂ 🫧🫧🫧

成長速度／早い　　　　水質／弱酸性～中性
育てやすさ／★★★★　参考価格／500～700円

細かく切れ込みの入った葉が特徴的な水草。成長は早めで肥料不足を起こしやすいので、鉄分系の肥料を添加しよう。トリミングを繰り返すと、葉が小さくなりレイアウトしやすくなる。

この水草を使ったレイアウト ➡ P6, P37, P79, P112

レッド・ミリオフィラム

光量 💡💡💡　CO₂ 🫧🫧

成長速度／やや早い　　水質／弱酸性～弱アルカリ性
育てやすさ／★★★★　参考価格／500～700円

赤い水草の中では珍しく細い葉を出すことが特徴。比較的丈夫な水草なのでソイルでも砂利系でも、きれいに育ってくれる。成長スピードも早いので、コケ防止の役目も期待できる。

この水草を使ったレイアウト ➡ P37

後景の茂みに入り込む熱帯魚

レイアウト水槽にオススメ!!

◀ スカーレットジェム

分布／インド　　　　飼いやすさ／★★★
全長／2.5cm　　　　参考価格／400～600円

赤い体色が美しい小さな熱帯魚。水槽内で増える小さな巻き貝なども食べてくれ、混泳も容易なのでレイアウト水槽にオススメ。人工飼料には餌付きにくいので注意しよう。

この魚が泳ぐレイアウト ➡ P45, P89

◀ ボララス・メラー

分布／ボルネオ　　　飼いやすさ／★★★
全長／2.5cm　　　　参考価格／300～600円

黒い斑点が特徴的なコイの仲間。とても小さな魚なので、小型種以外との混泳は避けた方がよい。また、餌も細かくしてあげないと、食べることができないので、注意しよう。

この魚が泳ぐレイアウト ➡ P37

後景に植える水草

エキノドルス・ルビン

- 光量／💡💡
- CO₂／🔗
- 成長速度／やや遅い
- 育てやすさ／★★★★★
- 水質／弱酸性〜弱アルカリ性
- 参考価格／2000〜2500円

「ルビン」の名前通り、ルビー色の大きな葉が印象的な水草。根張りが強いので、根を張ると大きく成長する。あまり大きくしたくないときは、定期的に植え替えをしたり根をカットしてダメージを与えるとよい。

エキノドルス・ウルグアイエンシス

- 光量／💡💡
- CO₂／🔗
- 成長速度／やや遅い
- 育てやすさ／★★★★★
- 水質／弱酸性〜弱アルカリ性
- 参考価格／1000〜2500円

細めの葉が上に向けて伸びるエキノドルス。濃い緑色の葉を展開させる。フィルター類を隠したり、後景に配置したり、センタープラントに使用したりと、使い勝手がよい。

アマゾンソード

- 光量／💡💡
- CO₂／🔗
- 成長速度／やや遅い
- 育てやすさ／★★★★★
- 水質／弱酸性〜弱アルカリ性
- 参考価格／800〜1000円

「アクアリウムに使う水草」として、とても有名な水草。一株でも、十分な存在感がある。丈夫な水草で、CO_2なしでもよく育つ。底砂へと追肥が、育成のコツ。

この水草を使ったレイアウト ➡ P29

4 水草カタログと熱帯魚の紹介
後景に植える水草

ツーテンプル

光量 💡💡💡　CO_2 🏷🏷
成長速度／やや遅い　水質／弱酸性〜弱アルカリ性
育てやすさ／★★　参考価格／500〜700円

ハイグロフィラの中では珍しく葉の細い水草。後景の両サイドに使用されることが多い。過度に密集させると光の当たらない下葉が溶けてしまうので、注意しよう。

この水草を使ったレイアウト ➡ P112

ラージリーフハイグロ・ナローリーフ

光量 💡💡💡　CO_2 🏷🏷
成長速度／遅い　水質／弱酸性〜弱アルカリ性
育てやすさ／★★★★　参考価格／500〜700円

明るい緑色の水中葉を展開する大型のハイグロフィラ。丈夫だが、水質の悪化と光量不足に少し弱いので注意したい。レイアウトでは、センタープラントとして用いられることもある。

この水草を使ったレイアウト ➡ P61

大きい葉に合う熱帯魚
レイアウト水槽にオススメ!!

ホワイトフィンロージーテトラ ▶

分布／ブラジル　飼いやすさ／★★★★
全長／5cm　参考価格／400〜700円

赤い体に、先が白い背ビレをもつカラシンの仲間。背ビレの白色の広さや濃さは個体によって違う。ネオンテトラなどと比べるとやや体高がある。丈夫なので飼育も容易だ。

この魚が泳ぐレイアウト ➡ P8

◀ ブラックファントムテトラ

分布／ブラジル　飼いやすさ／★★★★
全長／4cm　参考価格／300〜600円

黒い体と上下に長く伸びたヒレが美しい小型カラシン。美しさだけでなく丈夫で安価なのも魅力的。オス同士がフィン・スプレッド（ヒレを立てること）しながらけん制しあう姿も見物だ。

この魚が泳ぐレイアウト ➡ P6,P79

後景に植える水草

アンブレラプラント

光量 💡💡 CO2 🔵🔵🔵
成長速度／早い　　　水質／弱酸性〜中性
育てやすさ／★★★　参考価格／850〜1200円

細い水草で、まっすぐによく成長する。あまり深く植えると枯れてしまうので注意しよう。過度に繁茂すると水が滞るので、すくようにトリミングしてあげるとよい。

この水草を使ったレイアウト ➡ P6,P99

シペルス・ヘルフェリー

光量 💡💡💡💡 CO2 🔵🔵🔵
成長速度／やや遅い　水質／弱酸性〜中性
育てやすさ／★★　　参考価格／500〜1000円

まっすぐ上に伸びた細長い葉が特徴。強い光とCO_2の添加は必須。石にも流木にもマッチするため、レイアウトに使われることが多い。外側が古い葉になるので、変色した葉は根元からトリミングしよう。

スクリュー・バリスネリア

光量 💡 CO2 🔵
成長速度／やや早い　水質／弱酸性〜弱アルカリ性
育てやすさ／★★★★　参考価格／500〜1000円

ねじれた葉が特徴的な琵琶湖原産の水草。ランナーを伸ばし繁茂するのが特徴。成長スピードが早いので、肥料不足を起こさないよう適度に追肥してあげるとよい。高光量で、ねじれが強くなる。

バリスネリア・スピラリス

光量 💡💡 CO2 🔵
成長速度／やや早い　水質／弱酸性〜弱アルカリ性
育てやすさ／★★★★　参考価格／800〜1000円

世界中の温暖な地域に分布している水草。低光量やCO_2の添加なしでも育つが、環境次第で水面にたなびくほど成長する。後景にまとめて植えることでレイアウトにメリハリを付けられる。

4 水草カタログと熱帯魚の紹介
後景に植える水草

バリスネリア・ナナ

光量 💡💡　CO₂ 🟢🟢

成長速度／やや早い　　水質／弱酸性～中性
育てやすさ／★★★★　参考価格／400～800円

明るい緑で細い葉を持つ後景草。根張りがよいので底砂に追肥をしたい。縦のラインを強調したい時や清涼感を出したいとき、和風なレイアウトにしたいときに使われることが多い。

この水草を使ったレイアウト ➡ P10, P89

ブリクサ・アウベルティー

光量 💡💡💡　CO₂ 🟢🟢🟢

成長速度／やや遅い　　水質／弱酸性～中性
育てやすさ／★★★　　参考価格／400～700円

ブリクサの仲間で、比較的大きくなる水草。鉄分肥料を多く与えると環境によっては、きれいな赤色になることもある。水質は弱酸性を好むため、ソイルでの育成に向いている。

この水草を使ったレイアウト ➡ P83

レイアウト水槽にオススメ！
テープ状の葉に合う熱帯魚

ラミーノーズテトラ ▶

分布／ブラジル　　　飼いやすさ／★★★★
全長／5cm　　　　参考価格／200～400円

水質などの条件が合うと、頭部がきれいな赤色になる。レイアウト水槽に10匹以上を群泳させると美しい。育成は簡単だが、状態が悪いと発色も悪くなってしまう。

この魚が泳ぐレイアウト ➡ P107

◀ レッドラインドトーピードバルブ

分布／インド　　　　飼いやすさ／★★★
全長／20cm　　　　参考価格／1000～2000円

鮮やかな色彩が美しい魚。水槽内を勢いよく泳ぐので、最低でも60cm以上の水槽で飼育をしたい。またジャンプ力も強いので、水槽からの飛び出しを防ぐためにガラス蓋が必須だ。

この魚が泳ぐレイアウト ➡ P99

後景に植える水草

クリプトコリネ・クリスパチュラ

光量 💡💡　CO_2 🌿🌿
成長速度／やや遅い　　水質／弱酸性〜弱アルカリ性
育てやすさ／★★★★　参考価格／1000〜1500円

とても丈夫で、育成の容易なクリプトコリネの仲間。CO_2の添加をせず弱い光でもよく育つ。水面に届くまで伸びた細く波打った葉が、水流にたなびく姿はとても美しい。

この水草を使ったレイアウト ➡ P112

アポノゲトン・ウルバケウス

光量 💡💡💡　CO_2 🌿🌿
成長速度／早い　　　　水質／弱酸性〜弱アルカリ性
育てやすさ／★★★★　参考価格／1000〜1500円

球状の塊茎を持つマダガスカル原産水草。葉は大きく波打ち、よく伸びるのでセンタープラントとして使いたい。育成は比較的容易。光量によって、色の濃淡が変化する。

オランダプラント sp. ダッセン

光量 💡💡💡　CO_2 🌿🌿🌿
成長速度／やや早い　　水質／弱酸性〜中性
育てやすさ／★★　　　参考価格／750〜1000円

赤みのある葉を展開する有茎草。存在感があるので、一本でもレイアウトの主役になる。オランダプラントよりは育成が容易で、高光量とCO_2の添加、肥料に注意すれば元気に育ってくれる。

アンブリア 🔰

光量 💡💡　CO_2 🌿🌿
成長速度／早い　　　　水質／弱酸性〜弱アルカリ性
育てやすさ／★★★★★　参考価格／400〜600円

細い葉が特徴的な水草。CO_2は添加しなくても育つが、添加した方がより大きくなる。鉄分などの肥料を与えることできれいな緑になる。葉が下向きになったり茎が透明になったときは要注意。

この水草を使ったレイアウト ➡ P61

4 水草カタログと熱帯魚の紹介
後景に植える水草

アルテルナンテラ・レインキー

光量 💡💡　CO_2 🟢🟢
成長速度／やや遅い　　水質／弱酸性〜中性
育てやすさ／★★★　　参考価格／300〜500円

　アルテルナンテラの仲間では細身の水草。レイアウトする際は5本、10本とまとめて植えるとレイアウトのポイントになる。比較的、高水温にも耐えてくれる。高光量とCO_2の添加が育成のコツ。

ポリゴナムsp.ピンク

光量 💡💡💡　CO_2 🟢🟢🟢🟢
成長速度／早い　　　　水質／弱酸性〜中性
育てやすさ／★★★　　参考価格／300〜500円

　スラっと伸びる姿が印象的な有茎草。他の水草が繁茂している中に、アクセントとして数本植えることが多い。差し戻しで増やすことができる。高光量とCO_2の添加が重要。

レイアウト水槽にオススメ!!
巻き貝を食べてくれる熱帯魚

アノマロクロミス・トーマシー▶

分布／シエラレオネ　　飼いやすさ／★★★★
全長／7cm　　　　　　参考価格／500〜1000円

　水草を購入した際に水槽に紛れ込む巻き貝を食べてくれる魚。状態よく飼育すれば、とても美しい姿になるので鑑賞にも向いている。飼育も繁殖も容易だが、やや気が荒い。

この魚が泳ぐレイアウト ➡ P10, P107

◀アベニー・パファー

分布／インド　　　　　飼いやすさ／★★★
全長／4cm　　　　　　参考価格／400〜600円

　小型の淡水フグの仲間。淡水で飼育が可能なのと、可愛らしい見た目で人気がある。アカムシなどの生き餌を好んで食べ、巻き貝も食べてくれる。他の魚のヒレをかじることがあるので、混泳をするときは注意しよう。

141

その他の水草

カボンバ

光量 💡　　CO₂ 🔗
成長速度／早い　　水質／弱酸性〜中性
育てやすさ／★★★★★　参考価格／250〜1000円

　キンギョモとして古くから知られている水草。育成は容易で、弱い光と CO_2 の添加なしでもきれいに育つ。栄養の吸収も盛んなので、コケ対策としても有効。水質がアルカリに傾くと溶けてしまうので注意しよう。

アナカリス

光量 💡　　CO₂ 🔗
成長速度／早い　　水質／弱酸性〜弱アルカリ性
育てやすさ／★★★★★　参考価格／250〜400円

　カボンバと同じく、キンギョモとして知られている水草。育成も容易。根張りが弱いので、しっかり植えないと浮いてきてしまうが、とても丈夫な水草なので、浮いたままにしていても枯れることはない。

アマゾンフロッグピット

光量 💡　　CO₂ 🔗
成長速度／早い　　水質／弱酸性〜弱アルカリ性
育てやすさ／★★★★★　参考価格／100〜300円

　丸い葉をつける浮き草。とても繁殖力が強く栄養の吸収が盛んなのでコケ対策として、しばしば用いられる。繁殖しすぎると、水面を覆ってしまい、下に光が届かなくなるので、こまめにトリミングしよう。

タイガー・ロータス

光量 💡💡💡　　CO₂ 🔗🔗🔗
成長速度／やや早い　水質／弱酸性〜弱アルカリ性
育てやすさ／★★★★　参考価格／1700〜2500円

　丸い葉を展開する睡蓮の仲間。アフリカ原産なので高水温に強いのが特徴。光量などの環境によって、大きさが変わったり、葉を水面へと伸ばしたりするので、明るくしたり暗くするなど試行錯誤をしてみよう。

ニムファ・ミクランサ

光量 💡💡💡　　CO₂ 🟢🟢🟢

成長速度／やや早い　　水質／弱酸性〜中性
育てやすさ／★★★　　参考価格／800〜1000円

緑の葉に赤い斑が入る睡蓮の仲間。底砂からよく栄養を吸収する。順調に成長すると手の平くらいになる。小さく育てたいときは、肥料を控えめにしよう。

この水草を使ったレイアウト ➡ P107

タイ・ニムファ

光量 💡💡　　CO₂ 🟢

成長速度／やや早い　　水質／弱酸性〜弱アルカリ性
育てやすさ／★★★★★　　参考価格／500〜700円

タイ産の睡蓮の仲間で、高水温に強いので夏場に重宝する。特に CO_2 の添加も必要なく、赤系の水草の中では育成が容易な部類に入る。大きくなりすぎた場合は、外側の古くなった葉からトリミングするとよい。

レイアウト水槽にオススメ!! 小型で美しい熱帯魚

ミクロラスボラ sp. ハナビ ▶

分布／ミャンマー　　飼いやすさ／★★★
全長／3㎝　　参考価格／500〜800円

青っぽい体と赤いヒレがきれいな小型のコイの仲間。水槽の中層〜下層を素早く泳ぐ。人工飼料も食べるが、やせてしまうことがあるので、生き餌との併用が望ましい。

◀ ディープレッドホタルテトラ

分布／コロンビア　　飼いやすさ／★★★
全長／3㎝　　参考価格／400〜600円

3㎝程度の大きさの小型のカラシン。水槽内で落ち着いた個体はきれいな赤色になる。口が小さいためエサに気をつければ、水草を食害することもないので飼いやすい。

この魚が泳ぐレイアウト ➡ P69

◇◇◇◇◇◇◇◇ AQUA COLUMN ◇◇◇◇◇◇◇◇

追加肥料について

主な肥料の種類と特徴

液体肥料

液体なので、水槽に水を入れてから使用する。飼育水に養分を溶け込ませる。即効性があり、主に有茎草などに有効だ。

固形肥料（スティック）

水槽セット時だけでなく、追肥にも使用できる。養分を与えたい場所にピンセットで埋める。水草の根元から少し離れた位置に埋めるとよい。

固形肥料（おこし）

細かく砕いて水槽セット時に撒くようにして使うと有効。追肥として使用する際は、指で深く埋めるようにしよう。

追肥の量と選び方

　アクアリウムの経験が浅い内は、水草に肥料を与えすぎてコケが大量に発生してしまう…というトラブルがよくある。使用量の目安はそれぞれの説明書に記載されているので、きちんと守るように心がけよう。最初の内は少なめにしておいて、しばらく状態を見てから追肥をする方が失敗も少ない。
　また、水草に合った肥料の選択をしよう。赤い有茎草には鉄分を含んだ液体肥料、ロゼット型の水草には固形肥料など、お互いの特徴に合わせることが重要だ。

↑ロゼット型のエキノドルスには固形肥料を使うとよい。

水上葉と水中葉

水草の状態を見極めよう

　専門店で入荷された直後の水草は水上で育てられた水上葉であることが多い。この水上葉を購入し、自宅の水槽に植えてしばらくたつと、水草が枯れたようになってしまうことがある。これは、水上葉が水中葉に変わろうとしている状態なので、「枯れてしまいそうだ！」と焦って肥料を足してしまったり、諦めて水草を抜いてしまったりしないようにしよう。

↑買いたい水草が水上葉か水中葉か、よく分からない内は購入前に聞くとよい。

水槽のメンテナンス

chapter 5 Maintenance

レイアウトを完成させるためには、日々のこまめなメンテナンスが必要不可欠だ。プロのやり方を学んで水槽の管理の仕方を学ぼう。

PART 1

日常の観察と魚のエサ
日々のチェックポイントと魚のエサについて
P146〜

PART 2

水換えと掃除
水槽の水をきれいに保とう
P148〜

PART 3

水草のトリミング
レイアウトをよりよいものにするために
P150〜

PART 4

コケ・病気対策
未然に防ぐことが一番の対策
P152〜

PART 1 日々のチェックのポイントと魚のエサについて
日常の観察と魚のエサ

　照明の電球切れ、水槽からの水漏れ…しっかりと日常管理をしていないと大きなトラブルになってしまうこともある。日常管理のチェックポイントも確認しておこう。

　熱帯魚は生きている限り何かを食べなければ生きていけない。様々な種類のエサが販売されているし、魚たちが好むエサもそれぞれ異なる。自分が飼育している魚の食性に合わせたエサ選びをしよう。

↑エビが魚にいじめられてないかなど、日々の観察を怠らないようにしよう。

毎日のチェックポイント

　水槽を立ち上げてから、日常で注意する点をまとめた。水漏れをしていたら水位が下がって周りも濡れているのですぐに気づくが、CO_2ボンベが空になっていたり、水温の低下などは見逃してしまうこともあるので注意しよう。その他にも魚や水草の健康状態など、一目では分からないこともあるので、しっかりと観察しよう。

照明は点灯しているか

照明のランプ切れやタイマーの電源をオフにしていた、などのトラブルがあり得る。見ればすぐ分かることが多いので、しっかりと対応しよう。

フィルターは正常に動いているか

給排水パイプにゴミが詰まって流量が落ちていないか、ホースがはずれかかっていないか、などをしっかり確認しておこう。

水漏れをしていないか
水温に異常はないか
魚や水草は健康か
CO_2は添加できているか

水槽の周りを確認し、温度計をチェック。魚と水草の健康状態をよく見て、CO_2の添加を確認する。こうして毎日水槽を見る習慣をつけよう。

←毎日しっかりと観察することで、きれいな水景を維持できる。

水草や魚の選び方と購入

エサの種類は大きく分けて2つ、生き餌と人工飼料がある。

生き餌…イトミミズ、アカムシ、ブラインシュリンプなどで、栄養価が高い。稚魚の育成にも適している。

生き餌は主に冷凍された状態で売られている。多くの魚が好むが、水を汚してしまいやすいという面もある。また、これらをフリーズドライした、乾燥アカムシなどのエサもある。

人工飼料…水面に浮かぶものと底に沈むものがある。魚の泳ぐ場所に合わせて選ぶとよい。人工飼料は栄養のバランスがよく、日々のエサに適しているといえる。

人工飼料はタブレット、フレークのもの、粒状のものなど様々だ。魚の体色を鮮やかにするための成分を含んだものなども売られている。

エサ選びで一番失敗のない方法は魚を購入した店で使用しているエサを聞くことである。環境や飼育状況によってエサの食いが悪くなることもあるが、基本的には一度よく餌付いたエサならば、失敗は少ないだろう。

↑コリドラスやプレコには沈下性のあるタブレット（右）、エンゼルフィッシュやテトラには粒状（左）やフレーク状のものを選ぶ。飼育している魚に合わせたエサをあげよう。

↑上〜中層を泳ぐ一般的なサイズの魚には、粒状やフレーク状のエサを与えるとよい。

↑オトシンクルスやプレコなど、コケを食べる魚にもきちんとエサを与えないと、餓死してしまうことがある。

Q&A エサはどのくらいあげればいいの？

エサの量は、飼っている魚の種類や数によって異なるが、あげすぎないということが一番の鉄則だ。魚はエサをたくさん食べればフンもたくさんするし、残ったエサも水を汚す。最初は少しずつあげて様子を見て、最終的には腹八分くらいの給餌ができるようになりたい。

回数は朝と夜の1日2回が理想的。朝起きてすぐと夜消灯する直前というよりは、1〜2時間くらいの余裕をもって与えるようにしたい。

PART 2 水槽の水をきれいに保とう
水換えと掃除

　水草レイアウト水槽では水換えや掃除をしないでよい状態を維持することは難しい。これらが面倒くさいというのであれば、きれいなレイアウト水槽はできないだろう。水換えや掃除の際に使うホース、スポンジなどの器具は、アクアリウム用品として売られているものを使うとよい。
　水槽をきれいに保つことは、水草や魚のためにもなるし、観賞する自分自身のためにもなるので、しっかりと行おう。

↑水換えや掃除を怠るようではレイアウトもできない。

ガラス面の掃除

日々の手入れとしてしっかりと

　ガラス面についたコケは、専用のスポンジなどでこすることできれいにできる。水に手を入れずに作業ができるマグネット式の掃除器具も販売されている。
　スクレーパーや文房具（三角定規など）でコケを落とす場合は、コケが水中に溜まってしまわないよう、その後にしっかりと水換えを行おう。

水槽の水換え

こまめな水換えを心がけよう

　水を抜く際にはただ水だけを抜くのではなく、ゴミ取り用のホースを使い、底砂付近のゴミを吸い込みながらバケツに流していく。
　追加する水には、塩素中和剤を入れる。水温をしっかり合わせて（特に冬場は要注意）、底砂を巻き上げないようにゆっくりと注水しよう。
　1回に交換する水の量は、水槽の状態や水換えの周期によって異なるが、長い周期で一度に多く（半分以上）の水を換えるよりは、短い周期でこまめな水換えをする方がよいだろう。

↑片方の手でホースをつまむことで、吸い込む力を調節できる。ソイルや水草を吸い上げないようにしよう。

外部式フィルターの掃除の手順

　毎日汚れていく水槽の水をろ過しているフィルターの内部は、数ヶ月もすればかなり汚れが溜まる。フィルターの掃除は飼育環境にもよるが、目詰まりなどの問題がなければ、3ヶ月に1回くらいを目安にしておくとよい。使用している器具によって手順はやや異なるが、基本は同じだ。

1
↑フィルターの電源を切り、2カ所のダブルタップをしめる。ダブルタップを外したらフィルターをキャビネットから取り出そう。

2
↑フィルターのフタを開けて、インペラーというパーツを取り出し、ブラシなどで汚れを落とす。

3
↑マットなどは新品に交換し、リング状ろ材は水でさっと流す程度に洗う。この時に、絶対に水道水は使わず飼育水で洗おう。水道水を使うとせっかくろ材に定着したバクテリアが死んでしまうからだ。

4
↑フィルターケースや、必要であればホースなども洗う。ホースは専用のホースブラシを使うとよい。

排泄物など — エサの食べ残しや魚の排泄物・死がいなど。
↓ バクテリアが分解
アンモニア — かなり毒性が強い。濃度が高いと魚に害が出る。
↓ バクテリアが分解
亜硝酸 — アンモニアと同じく、魚にとって有害。
↓ バクテリアが分解
硝酸塩 — 毒性はかなり下がるが有害。水換えで除去しよう。

Q&A
どうして水換えをしないといけないの？

　フィルター内部に定着したバクテリアによるろ過とは、図のような分解の繰り返しによるものだ。これだけで有害物質はかなり減らすことができる。
　しかし、バクテリアによる分解だけではどうしても有害物質が水中に残ってしまう。これを減らすためにはやはり水換えをしなくてはならないのだ。

PART 3 レイアウトをよりよいものにするために
水草のトリミング

　美しい水草レイアウトを作っていくためには、ただ水草を伸ばしっぱなしにしているだけではいけない。伸びすぎた水草をハサミで切る、トリミングという作業が必要だ。

　レイアウト直後は、水草の本数も少なく、全体的にボリューム不足だが、水草は成長することでどんどんボリュームを増していく。水草の成長を自分のイメージ通りにコントロールするためにも、トリミングはとても重要な作業だ。

↑後景草が伸びてトリミングのしどきな状態。

1 後景草のトリミング

トリミングラインを考えよう

　後景草として使われる有茎草の多くは、切る位置を気にしないでトリミングをしてよい。ミリオフィラムやロタラは、配置された流木のラインに合わせてトリミングしよう。完成形（p78）を想像することが重要だ。

トリミング前

2　中景・前景草のトリミング

有茎草以外のトリミング

　脇芽の出る有茎草は、どこをトリミングしても環境次第で、ちゃんと成長してくれるが、ロゼット型の水草は少し注意が必要だ。

　基本的に中心から新しい葉を展開させるので、外側の古い葉を切り取ってあげると、新しくきれいな葉を伸ばしてくれる。

　前景草の場合、地面スレスレに生えるので、刃のカーブした専用のハサミを使うと、トリミングがしやすい。

←↓流木に活着したモスや前景草をトリミングするときは先がカーブしたハサミを使う。

3　トリミング後の掃除

モスなどはしっかり吸い出そう

　トリミングが終わった後は、切った水草が水面や水槽内に残るので、ネットですくう。ウィローモスなどはホースを使ってしっかり吸い出さないと、前景がモスで覆われてしまうこともあるので注意しよう。

トリミング後

PART 4 コケ・病気対策
未然に防ぐことが一番の対策

　コケや病気は飼育者を悩ませるトラブルの代表だろう。アクアリウムを始めたばかりの頃は、こういったトラブルにあってしまうかもしれないが、きちんと普段からの対策や予防を心がけておけば失敗は少ない。起こってから対応するのではなく、起きないように未然に防ぐのが一番効果的な方法だ。

　もし病気にかかってしまったら、専門店で相談をし、必要なら適切な薬を選んでもらおう。

↑白点病にかかってしまった魚。

熱帯魚の病気と治療法

白点病

対策…薬剤の投与が効果的。水温を徐々に（1日に2℃まで）上げ、30℃くらいまで上げると薬が早く作用する。マラカイトグリーン系の薬ならば水草が受けるダメージは少ない。

水カビ

対策…発症初期の塩浴や薬剤の投与をするとよい。魚の傷に病原体などが寄生し発生する病気なので、これも水槽内の魚たちの様子をしっかり観察して、いじめられている魚がいないかなど注意しよう。

尾ぐされ病

対策…発症初期の薬剤投与が効果的。水温が低すぎる時や、輸送中のすれ、他の魚からの攻撃などでできた傷口から発症する。薬による水草のダメージが大きいので、治療用の水槽を分けたい。

エロモナス症状

対策…一度かかってしまうとなかなか完治しにくい。水槽の環境悪化などが原因なので、どの病気にもいえるが日々の水質管理をしっかりと行うことが大事。

水槽内に見られるコケと対策

斑点状コケ

しばらく水槽を放置してしまうとガラス面に出てくるコケ。スポンジなどで掃除をしよう。イシマキガイやシマカノコガイなどの、コケを食べてくれて水槽内で繁殖をしない巻き貝も効果的だ。

←ガラス面や石などについた茶コケを食べてくれるオトシンクルス。

ヒゲ状コケ

手でむしり取ってしまうか、ブラシなどでこすり取るとよい。水草の葉にひどく付いているようなら切り落とそう。汚れが多い水槽で発生しやすい。

←黒いヒゲ苔を食べてくれるサイアミーズフライングフォックス。成長するとやや大型になる。

藍藻

正確にはコケではなく細菌の一種。非常にやっかいで、大量に発生した場合は水草を取り出してきれいに洗い、底砂を取り替えてしまうとよい。少量であればホースで吸い出してしまうこともできる。

←ブラックモーリーは、藍藻や水面に出る膜を食べてくれる。

アオミドロ

水草に髪の毛のように絡まってつく糸状のコケ。そうじ用のブラシなどで絡めて取るとよい。茶コケの発生が終わった後の、比較的初期に発生しやすい。ヤマトヌマエビなどがよく食べてくれる。

←大きな水槽にはヤマトヌマエビ、小型の水槽にはミナミヌマエビを入れるとよい。

用語解説

TECHNICAL TERM

水草や魚の知識を深めたり、適切な器具を選んだり、水草レイアウトを楽しむためには用語の理解が必要になってくる。本書に出てくる以外の用語も記載し、本書に詳しく出てくる用語にはインデックスを付けたので、日々の飼育に役立てよう。

ア

アオミドロ…髪の毛のように細いコケ。水槽立ち上げ直後など、水質が安定していないときに発生しやすい。ヤマトヌマエビが好んで食べてくれる。☞ p153

アカムシ…ユスリカの幼虫(ボウフラ)で生き餌として与えられている。冷凍されたものが、広く流通している。☞ p141、147

アクリル水槽…ガラス水槽と違い割れる心配もなく軽量だが、傷がつきやすいという欠点がある。洗うときは専用の道具を使おう。☞ p17

亜硝酸…魚やエビの出したアンモニアをバクテリアが分解した際に発生する。この段階は、まだ魚やエビにとって有害。☞ p149

アナバス…熱帯魚の仲間の1つ。東南アジアを中心に分布している。エラにラビリンス器官を持つため、水中に酸素が少ない環境でも生息が可能。ベタやグラミーが代表的。

網・ネット…魚やエビ、トリミングした水草の切れ端をすくうのに必須。☞ p151

アルビノ種…突然変異で色素の抜けた生物のこと。アクアリウムにおいては、アルビノ種を繁殖させた種も人気がある。

アンモニア…魚やエビなどが出す糞尿がバクテリアによって分解されることで発生する。生き物にとって害がある。☞ p149

石組みレイアウト…流木ではなく石をメインにしたレイアウト。水草は背の低いものを使い、石を隠さないようにしよう。☞ p60、68、86

陰性水草…高光量やCO_2の添加がなくても育成の容易な水草。ミクロソリウムやクリプトコリネの仲間が有名。流木の影になる場所に植えることが多い。☞ p10、44

エアレーション…エアーポンプを用いて水槽内に空気を送り込むこと。水面を覆う膜の発生を防ぐ役割もある。☞ p19、42、51

液体肥料…水草のために与える肥料の1つ。根からではなく葉から養分を吸収する水草を育成するならば必須だ。☞ p18、144

枝流木…一般的な流木より細いのが特徴。独特な形をしているので、変化を作りやすい。ただし耐用年数は短め。☞ p59

LED…消費電力の少なさと高い耐久性が魅力的な照明。ただし市販のものは光の波長が光合成に向いていないことが多い。

エロモナス症状…腹部が膨らんだりウロコが荒くなる病気。水質の悪化などの原因が考えられる。対処法には換水と投薬がある。☞ p152

塩素(カルキ)…水道水を殺菌するために含まれているが、バクテリアや魚などにとっても有害。水槽内に注水する前には中和剤などで塩素を抜いておこう。☞ p21、25

凹型レイアウト…水景の左右が盛り上がるように構図したレイアウト。☞ p87、88

大磯砂…底砂として古くから使われている砂利。初期はカルシウムが多く水草育成に向かないが、長期間使用することで段々と水草育成に向いた底砂になってくれる。☞ p16、19

オーバーフロー水槽…メイン水槽とは別に大きなろ過槽を備えた水槽。必要なろ材を自由に確保できるので古代魚など、水を汚す大型魚を飼育する際に用いられる。

尾ぐされ病…グッピーやエンゼルフィッシュなどのヒレが長い魚に発生しやすい。発生初期に投薬すればきれいに治ることが多い。☞ p152

温度計…水温計。飼育水を適切な温度に保つため、

必ず設置しよう。☞ p21、31、146
温度合わせ…ショップの水槽と自宅の水槽との水温を合わせること。温度を合わせてから水合わせをする。☞ p24

カ

塊茎（かいけい）…地下茎にでんぷんを蓄え塊のように肥大化したもの。アポノゲトンやニムファの仲間に存在する。☞ p140

改良品種…人の手によって、より美しく見せるために研究され作り出された品種。

拡散器…CO_2を細かな泡にして、水槽内に効率的に添加してくれる器具。☞ p46、50、71

学名…生物に付けられた、世界共通の呼び名。

活着（かっちゃく）…モスやシダなどの水草が、流木や石に根付くこと。☞ p47、128、130

活性炭…ろ材の1種。流木のアクや飼育水の黄ばみなどの汚れを吸着してくれる。1ヶ月ごとに交換が必要。☞ p34、58

カラシン…熱帯魚の仲間の1つ。ネオンテトラやペンシルフィッシュのような小型魚からピラニアのような大きな魚もいる。

カリ…光合成を促すために添加する。コケの原因には比較的なりにくい。

汽水（きすい）…淡水と海水との混じり合った水。イシマキガイやヤマトヌマエビは汽水でないと繁殖しない。

キスゴム…フィルターのパイプ類、水温計、ヒーター、拡散器などをガラス面に固定するための小さな吸盤。

逆流防止弁…CO_2やエアーを添加するチューブの途中につけて水槽内の水を逆流させないようにするために使用する。

球茎（きゅうけい）…塊茎と同じく地下茎にでんぷんを蓄えた塊。こちらは薄皮に包まれている。

クリプトコリネ…東南アジア原産のサトイモ科の水草。低光量とCO_2添加なしの環境でも育成が可能なので、流木や石の影になるところへ植えられることが多い。☞ p10、98

化粧砂…レイアウトのアクセントにするためにソイルなどとは別に敷く砂。白だけでなく、様々な色のものがある。☞ p88

後景草…水槽の後方に植える水草。一般的に背の高くなる水草を用いる。☞ p132

光合成…光と二酸化炭素などを用いて植物は養分を作る。効率的に光合成をできる環境を整えることが、水草育成では重要。☞ p18、42

硬度…水に溶け込んでいるカルシウムイオンやマグネシウムイオンなどの濃度。硬度が高い硬水と、硬度が低い軟水があり、魚や水草によって好みが違う。硬度は石や底砂の種類で変化しやすい。☞ p86

コケ…モスなどと違いフィルタのパイプや水槽のガラス、水草に生えてしまう藻。ろ過不足や光量・肥料の過不足が原因。☞ p153

固形肥料…根から養分を吸収する水草の成長を促進するために追加する。数ヶ月に1回、底砂に新しく挿入し直すと効果的。☞ p18、144

古代魚…古生代や中生代から生き残っている魚種。大型魚が多い。肺魚やポリプテルス、アロワナなどが有名。☞ p116

混泳…複数の生体を1つの水槽で飼育すること。相性によっては、他の魚を食べてしまったり攻撃してしまうこともあるので、購入する前に必ず確認しよう。☞ p116

根茎（こんけい）…地下茎が肥大化したものの内、水平に伸びているもの。

サ

サーモスタット…水槽内を、設定した水温に保つように、ヒーターやクーラーのON/OFFを制御する器具。

サブフィルター…メインで使用している外部式フィルターにつないで、使用する器具。または、単にメインのフィルター以外で使用しているフィルターをさすこともある。

サンゴ砂…底砂の1つ。pHをアルカリ性へと傾ける働きを持っているので、ろ材として使われることもある。

産卵箱…産卵用の隔離ケース。親魚が産んだ卵が、下部にある仕切りからケースの底に落ちる仕組み。

差し戻し…一度水草を引き抜き、カットして再度砂利に植え直すこと。☞ p35、36、105、141

シクリッド…熱帯魚の仲間の1つ。ディスカスやエンゼルフィッシュ、アピストグラマなど体色の美しい魚が多い。

シダ…ミクロソリウムやボルビディスなど、CO_2 添加がなく低光量でも、きれいに育つ水草。流木や石などで影になる場所に植えることが多い。☞ p128

水温…水の温度。アクアリウムでは約26度に保つのが基本とされている。☞ p84

水質…水のもつ性質で、含んでいる成分によって異なる。pHや硬度などの指標がある。☞ p26

水上葉…水中で展開した葉と違い、固く乾燥に強い葉のこと。販売されている水草は水上葉のこともあるため水中葉を展開する際に、一旦水上葉が枯れることもある。☞ p64、144

水中葉…水の中で育成した水草が展開する葉のこと。水草によっては、水中葉と水上葉とで形や色が違うこともある。☞ p64、144

水中フィルター…内蔵された水中ポンプを使って水を循環させるフィルター。電源をつなぐだけで使用できる。小型水槽で使われることが多い。

スクレーパー…ガラス面についたコケを取ったり、ソイルをならしたり、色々な場面で使える用品。

前景草…水槽の前面に植える水草。背が高くならず、横に伸びる水草を用いる。☞ p118

センタープラント…水景全体の中心になるような水草。大きく目立つ水草を用いる。☞ p110

ソイル…土を焼いて固めた底砂。水草のための養分も含み、水質を弱酸性に傾ける効果もあるので、水草育成に向いている。☞ p19、26

タ

ダッチアクアリウム…オランダ風の水草レイアウト。流木や石を使わない花壇のようなレイアウト。

中景草…前景草と後景草の境目に植える水草。後景に植えた有茎草の根元を隠すよう植えることが多い。☞ p122

追肥…水草育成に必要な肥料を追加すること。追肥のしすぎはコケが発生する原因となるため注意しよう。☞ p144

ディスカス…シクリッドの仲間。円盤のような形をした熱帯魚。☞ p4

底面式フィルター…底砂の下に設置するろ過装置。底砂をろ材とし、エアーポンプや水中ポンプで作動させる。

テラリウム…水を浅く敷き、1つの水槽内で水中と水上、両方の環境を再現したもの。

凸型レイアウト…中心が盛り上がるように構図したレイアウト。☞ p87、98

トリミング…成長した水草をハサミなどで刈り込み、形を整えること。☞ p75、150

ナ・ハ

投げ込み式フィルター…水槽内に設置し、外部からエアーポンプをつなぐだけで使用できるろ過装置。手軽だが、効果は弱い。

ナマズ…熱帯魚の仲間の1つ。コリドラスやプレコなど。淡水魚の中で、最も種類数が多い。

肺魚…古代魚の仲間の1つ。肺呼吸のみで生きている。大型になるものが多い。

パワーサンド…肥料を染みこませた軽石。ソイルなどの下に敷くのが一般的。水草が根を張りやすく、成長を助ける。☞ p19

バクテリア…飼育水に含まれる有害物質を分解する微生物。アンモニアを亜硝酸塩に、そして硝酸塩へと分解してくれる。フィルターのろ材はバクテリアの住み家だ。☞ p17、149

繁殖…魚やエビが卵や稚魚・稚エビを産むこと。飼育数が増えることになるので水槽のサイズや数などを考えて計画的に行おう。☞ p56

プラケース…プラスチック製の容器。色々なサイズがあり、水を少し足すときや、魚を一時避難させたい時など、用途は様々。☞ p21

抱卵（ほうらん）…魚やエビが卵を抱えること。☞ p56

ビニールタイ…ミクロソリウムなどのシダ類を石や流木に活着させるために用いる。☞ p47

ヒーター…水温が低くなりすぎることを防ぐための器具。サーモスタット内蔵のものと、別売りのものがある。☞ p19、26

肥料…水草の成長に必要な養分に応じて、様々な種類がある。自分が育成している水草に合った肥料を使おう。☞ p18、144

ブラインシュリンプ…一般にはシーモンキーとして知られている。乾燥させた卵を塩水に浸けると24時間程度で孵化する。稚魚や、口が小さい魚の餌として用いられている。☞ p147

ベタ…アナバスの仲間。オス同士は激しく争うため混泳には注意が必要。品種改良されて様々な種類が存在している。

pH…ペーハー。pH7.0が中性を表す。7.0より高いとアルカリ性で、低いと酸性を示す。

マ

マウスブリード…口の中で卵や稚魚を育てること。シクリッドに多い子育ての様式。

巻き貝…スネールともいう。水草を食害する貝や、コケを食べてくれる貝など色々な種類がいる。水質によっては大量発生することもある。☞ p22

水合わせ…ショップの水槽と自宅の水槽とのpHや硬度などの水質を合わせてあげること。水合わせなしで水槽に導入すると、魚が死んでしまうこともある。☞ p24

水換え…ろ過の安定した水槽でも段々と有害物質が貯まっていくので、塩素を抜いた新しい水道水と交換することで水槽内の環境を整えてあげることが重要だ。☞ p25、148

メタルハライドランプ…メタハラと略される。蛍光灯より光の直進性が高いため水深のある水槽でも、前景草まで光が届く。水温の上昇を引き起こす可能性もあるので、水温管理をしっかりとしたい。☞ p18、84、114

ヤ・ラ

野生種…ワイルド種とも。品種改良など、人の手の入ってない自然のままの種類。

有茎草…トリミングなどによって容易に増やすことができる。主に、中～後景草に使われる。☞ p23

ラスボラ…熱帯魚の仲間の1つ。アジアやアフリカに多い。じっくり飼うことで発色がよくなる魚が多い。

ラビリンス器官…エラ呼吸だけでなく空気呼吸も可能にする呼吸器官のこと。ベタやグラミーなどのアナバスの仲間が備えている。

卵生（らんせい）メダカ…メダカの内、卵を産んで殖える仲間。日本のメダカも卵生メダカの一種。

卵胎生（らんたいせい）メダカ…メダカの内、腹で卵が孵化するまで抱卵し稚魚を産む仲間。グッピーが卵胎生メダカの代表。

藍藻（らんそう）…細菌の一種だが光合成を行っている。一度、発生すると除去の難しい厄介なコケ。ブラックモーリーが食べてくれる。☞ p153

ランナー…ロゼット型の水草が、底砂内で株から伸ばす新芽のこと。☞ p23、74

ろ材…スポンジやウールなどのゴミを取り除く物理ろ過用ろ材と、アンモニアや亜硝酸などを分解するバクテリアの住み家になる生物ろ過用ろ材とがある。☞ p17、34、38、66、149

ロゼット型…茎を持たず、底砂から葉を展開させる水草。エキノドルス等が代表種。ランナーや子株などで増える。☞ p23、144

157

水草＆熱帯魚　索引
PLANTS & FISH INDEX

本書に登場する水草や熱帯魚の索引を用意した。似たような名前が多く、覚えにくいかもしれないが、うまく活用してもらいたい。

水草編

アナカリス	p142
アヌビアス・ナナ	p29、79、129
アヌビアス・ナナ・イエローハート	p61、129
アヌビアス・ナナ・プチ	p29、121
アフリカン・チェーンソード	p79、119
アポノゲトン・ウルバケウス	p140
アポノゲトン・ボイビニアヌス	p107
アポノゲトン・リギディフォリウス	p89
アマゾンソード	p29、136
アマゾンチドメグサ	p29、124
アマゾンフロッグピット	p142
アルテルナンテラ・レインキー	p141
アンブリア	p61、140
アンブレラプラント	p99、138
ウィステリア	p29、124
ウィローモス	p80、108、130
ウォーター・バコパ	p126
ウォーターフェザー	p37、130
エキノドルス・ウルグアイエンシス	p136
エキノドルス・グリセバキー	p95
エキノドルス・テネルス	p79、89、118
エキノドルス・ルビン	p136
オーストラリアン・クローバー	p37、120
オランダプラント	p83、112
オランダプラント sp. ダッセン	p140
カボンバ	p142
キューバ・パールグラス	p121
キューピーアマゾン	p89、121
グリーン・ロタラ	p89、105、107、132
クリプトコリネ・ウェンティーグリーン	p107、124
クリプトコリネ・ウェンティーグリーン・ゲッコー	p113、120
クリプトコリネ・ウェンティートロピカ	p125
クリプトコリネ・ウェンティーリアルグリーン	p29、61、125
クリプトコリネ・ウンデュラータグリーン	p83、99、113、126
クリプトコリネ・ウンデュラータレッド	p99
クリプトコリネ・クリスパチュラ	p112、140
クリプトコリネ・パルバ	p83、126
クリプトコリネ・ペッチー	p126
クリプトコリネ・ルテア	p61
グロッソスティグマ	p45、107、118
シペルス・ヘルフェリー	p138
スクリュー・バリスネリア	p138
スターレンジ	p123
タイガー・ロータス	p142
タイ・ニムファ	p143
ツーテンプル	p112、137
トニナ sp.	p123
南米ウィローモス	p89、130
ニードルリーフ・ルドヴィジア	p53、107、134
ニムファ・ミクランサ	p107、143
パールグラス	p45、53、89、127
ハイグロフィラ・ポリスペルマ	p127
ハイグロフィラ・ロザエネルビス	p89、127
バリスネリア・スピラリス	p138
バリスネリア・ナナ	p89、139
ピグミーチェーン・サジタリア	p119
ブリクサ・アウベルティー	p83、139
ブリクサ・ショートリーフ	p79、95、107、122
フレイムモス	p45、130
ヘアーグラス	p69、89、118
ベトナムゴマノハグサ	p99、107、120
ホシクサ sp.	p113
ポタモゲドン・ガイー	p99、122
ポリゴナム sp. ピンク	p141
ボルビディス・ヒュディロティ	p89、128
ミクロソリウム・ウェンディロフ	p45、128
ミクロソリウム・ナローリーフ	p103、108、128
ミクロソリウム・ベビーリーフ	p79
ミニ・マッシュルーム	p120
ミリオフィラム・マットグロッセンセグリーン	p37、79、112、135

ラージ・パールグラス ……………………	p79、103、127
ラージリーフハイグロ・ナローリーフ …………	p61、137
ラージリーフハイグロフィラ …………………………	p83
リシア ……………………………………………	p53、79、130
ルドヴィジア・ブレビペス …………………	p99、107、134
ルドヴィジア・トリコロール …………………………	p95
レッド・ミリオフィラム ………………………	p37、135
ロタラ・インジカ ………………………………	p29、89、132
ロタラ・ヴェルデキラリス ……………………	p37、122
ロタラ・ナンセアン …………………………	p45、79、133
ロタラ・マクランドラ …………………………	p95、103、134
ロタラ・マクランドラグリーン …………………	p45、133
ロタラ・ワリッキー ……………………………	p103、132
ロベリア・カージナリス ………………………	p61、121

熱帯魚編

アノマロクロミス・トーマシー ………………	p116、141
アピストグラマ・イリニダエ ……………………	p69
アベニー・パファー ………………………………	p141
アロワナ …………………………………………	p116
エクエスペンシル ………………………………	p69、131
エンゼルフィッシュ ………………	p79、107、116、133
オトシンクルス …………………………………	p153
カージナルテトラ ………………………………	p79、131
グッピー …………………………………………	p29、123
グリーンネオンテトラ ……………………………	p107
ゴールデンハニー・ドワーフグラミー ………	p131
ゴールデンバルーンラミレジィ ………………	p133
コバルトブルー・ドワーフグラミー ……………	p61
コリドラス・パンダ ………………………………	p119
サイアミーズフライングフォックス ………	p69、116、153
スカーレットジェム …………………………	p45、89、135
スマトラ …………………………………………	p116
ディスカス …………………………………………	p4
ディープレッドホタルテトラ …………………	p69、143
ドワーフボーシャ ………………………………	p89
ニューギニアレインボー ……………………	p89、129
ネオンテトラ ……………………………………	p61、p123

バタフライレインボー ……………………………	p45
ピグミーグラミー ………………………………	p45
ブラックファントムテトラ ……………………	p79、137
ブラックモーリー ………………………………	p153
プラティ …………………………………………	p61、131
ブルーアイゴールデンブッシープレコ ………	p89
プンティウス・ロンボオケラートゥス ………	p99、129
ボララス・メラー ………………………………	p37、135
ホワイトフィンロージーテトラ ………………	p137
ホワイトプリステラ ……………………………	p61
ミナミヌマエビ …………………………………	p116、153
ミクロラスボラ sp. ハナビ ……………………	p143
ヤマトヌマエビ …………………………………	p153
ラスボラ・エスペイ ……………………………	p99、125
ラミーノーズテトラ …………………………	p107、139
レッドビーシュリンプ ………………………	p53、119
レッドライントーピードバルブ ………………	p99、139

アクアリウムのつくり方・楽しみ方

◆監修者紹介
千田 義洋（せんだ よしひろ）
テレビ番組『TVチャンピオン』の「水中ディスプレイ王選手権」にて、2年連続で優勝。その他にも各種イベント・コンテストなどで活躍する水草レイアウトのスペシャリスト。

監修	千田 義洋
水槽製作	アクアフォレスト
写真	平井 伸造
編集・デザイン・DTP	朝岡 聖登　三橋 太央（オフィス303）
装丁	淺田 有季（オフィス303）
イラスト	船橋 史
企画・編集	成美堂出版編集部（駒見宗唯直）
写真協力	アクアシステム

iStockphoto.com
igor terekhov（p13右下・p20左上）、Victor Chan（p116アロワナ）

アクアリウムのつくり方・楽しみ方

監　修　千田義洋
　　　　（せんだ よしひろ）
発行者　深見公子
発行所　成美堂出版
　　　　〒162-8445　東京都新宿区新小川町1-7
　　　　電話(03)5206-8151　FAX(03)5206-8159
印　刷　共同印刷株式会社

©SEIBIDO SHUPPAN 2010　PRINTED IN JAPAN
ISBN978-4-415-30757-2

落丁・乱丁などの不良本はお取り替えします
定価はカバーに表示してあります

• 本書および本書の付属物を無断で複写、複製(コピー)、引用することは著作権法上での例外を除き禁じられています。また代行業者等の第三者に依頼してスキャンやデジタル化することは、たとえ個人や家庭内の利用であっても一切認められておりません。